	INHALT	СОДЕРЖАНИЕ	CONTENTS	

Die ZEITSCHRIFT FÜR ANGEWANDTE GEOLOGIE berichtet ständig über folgende Arbeitsgebiete: Geologische Grundlagenforschung und Lagerstättenforschung / Methodik der geologischen Erkundung / Ökonomie und Planung der geologischen Erkundung / Technik der geologischen Erkundung / Geologie und Lagerstättenkunde im Ausland. In der Zeitschrift können alle strittigen Fragen der praktischen Geologie behandelt werden. Die Autoren übernehmen für ihre Aufsätze die übliche Verantwortung.

ZEITSCHRIFT FÜR ANGEWANDTE GEOLOGIE

KOLLEKTIVE CHEFREDAKTION

Dr. K. KAUTER (Redaktionssekretär)
Dr. F. STAMMBERGER
Dr. G. TISCHENDORF
Dipl.-Berging.-Geol. G. ZINDLER

BAND 9 · AUGUST 1963 · HEFT 8

Die Natursteinvorkommen der Deutschen Demokratischen Republik

Unter besonderer Berücksichtigung der heutigen Anforderungen an die Lagerstätten und die Steinbruchprodukte[1])

WALTER HOPPE, Jena

Die Natursteinindustrie steht an einer einschneidenden Wende, die schon seit Jahren im Gange ist und zur Zeit anscheinend den Höhepunkt erreicht hat. Einmal handelt es sich um die möglichst weitgehende Mechanisierung der Gewinnung und Aufbereitung. Die dabei anzuwendenden Verfahren sind im wesentlichen bekannt. Es geht jetzt um ihre weitere Einführung. Zum anderen stellen neue Gewinnungs- und Aufbereitungsverfahren auch andere Anforderungen an die Lagerstätten und das Gestein als früher. Auch hinsichtlich der Verwendung bestehen heute teilweise andere Anforderungen an die Beschaffenheit des Gesteins. Es soll daher kurz untersucht werden, wie die Rohstoffbasis unserer Natursteinindustrie zu beurteilen ist. Die Studie verfolgt in erster Linie den Zweck, herauszuarbeiten, wo entsprechend der Lagerstättenentwicklung und der Gesteinsbeschaffenheit die Voraussetzungen zur Errichtung mechanisierter Betriebe gegeben sind. Einschränkend ist zu bemerken, daß die Natursteine nur in ihrer Verwendung als Brecherprodukte, Werk- und Dekorationssteine behandelt werden[2]).

1. Die Ausbildung der Lagerstätten und die Gewinnung der Gesteine

Zunächst sei auf die Bedeutung der Ausbildung der Lagerstätten bei der Gewinnung der Natursteine zur Herstellung von Brecherprodukten hingewiesen. Die Gewinnung erfolgt heute, oder es wird angestrebt, durch Kammersprengungen oder das Großbohrlochverfahren. Das hereingeschossene Material wird durch Bagger verladen und in gleislosen Fahrzeugen direkt zu den Brecheranlagen gebracht. Daraus ergeben sich Anforderungen an die Lagerstätte, die z. T. ganz anderer Art sind als der frühere Abbau durch Abschießen der Wände und Handverladung.

Kammersprengungen werden mit Erfolg bei Lagerstätten mit dünnsäuliger Entwicklung, Kurzklüftigkeit und plattiger Absonderung angewendet. Aber sie können u. a. den Nachteil haben, daß das abgeschossene Material in zu hohem Haufwerk anfällt, wodurch die Verladung durch die Bagger beeinträchtigt wird. Die Entwicklung dürfte immer mehr zu dem Großbohrlochverfahren führen. Wenn hier noch nicht überall befriedigende Verhältnisse erreicht wurden, dann ist es notwendig, einmal zu untersuchen, ob durch technische Änderungen, wie durch Vorgabe, Bohrlochabstand, Art des Schießens, Bohrlochdurchmesser, das Ergebnis zu verbessern ist. In gleicher Weise ist die Ausbildung der Lagerstätte, z. B. die Absonderung, die Klüftung, die Plattung, die Bankung usw., wichtig, und zwar hinsichtlich des Ausmaßes sowie des Streichens und Fallens der trennenden Flächen. Art der Gewinnung, Ausbildung der Lagerstätte und Beschaffenheit des Gesteins sind außerdem entscheidend, ob nach dem Hereinschießen das Haufwerk zur Verladung durch Bagger eine Nachzerkleinerung erfordert und ob dabei Knäpper oder Aufleger anzuwenden sind. Sehr aufschlußreich sind hierzu Aufnahmen aus dem Porphyrgebiet Nordwestsachsens. Nach den Untersuchungen von FISCHER (1963, S. 79) im Pyroxenquarzporphyrbruch Zinkenberg bei Wurzen ergaben sich bei einem Anteil von 70% Kluftabständen über 60 cm in 1000 t abgeschossenem Haufwerk 230 Knäpper, bei 45% Kluftabständen über 60 cm dagegen nur 110 Knäpper.

Die Beschaffenheit des Gesteins spielt heute durch den Fortfall der Handsortierung eine viel größere Rolle als früher. Das hereingeschossene Material muß möglichst einheitlich frisch sein. Hier liegen aber bereits dadurch Schwierigkeiten vor, daß die Abraumbeseitigung maschinell erfolgt, d. h. unvollkommen. Die Schwierigkeiten erhöhen sich, wie vor allem bei den basischen Gesteinen Diabas und Porphyrit, wenn im Übergang von der lehmigen Verwitterungsdecke zum frischen Gestein eine im allgemeinen 2—3 m starke Zersatzzone von mehr oder weniger angewittertem und verwittertem Material entwickelt ist, die nicht abgeräumt wird. In vielen Vorkommen sind außerdem dezimeter- bis meterbreite Ruschelzonen mit Material der verschiedenen Erhaltungszustände eingeschaltet.

So ergibt sich unter den heutigen Verhältnissen die Notwendigkeit der Auslese der Vorkommen. Für vollmechanisierte Brüche sollten nur Lagerstätten ausge-

[1]) Eingang des Manuskripts in der Redaktion: 4. 4. 1963

[2]) Für die Mitteilungen über Steinbrüche sowie anregenden schriftlichen und mündlichen Austausch ist Verf. zu Dank verpflichtet: Dipl.-Geol. BERTHOLD, Jena, Dr. Ing. BREYER, Leiter der Gesteinsprüfstelle der Deutschen Bundesbahn, Kassel, Dozent Dr. KUNATH, Weimar, Geologie-Ingenieur SCHEUMANN, Freiberg.

wählt werden einmal mit klarer Grenze der Lehmdecke zum frischen Gestein, zum anderen in gleichmäßig frischer Beschaffenheit. Solche günstigen Voraussetzungen können vor allem Basalt und Quarzporphyr, gelegentlich aber auch andere Gesteine bieten. Sind diese naturgegebenen Voraussetzungen nicht vorhanden, dann muß die Vorreinigung so beschaffen sein, daß Verwitterungslehm, angewittertes und verwittertes Gestein, kleinstückiges Gestein mit lehmigem oder tonigem Überzug restlos ausfallen. Um dieses Ziel auch bei nassem Wetter zu erreichen, genügt es nicht, wie meist verfahren wird, die Vorsiebung auf etwa 10 mm einzustellen. Um auch unter ungünstiger Lagerstättenentwicklung nur frische und reine Brecherprodukte zu erzeugen, ist das kleinstückige Material unter 50 bis 100 mm Durchmesser abzusieben. Es kommt daher entweder nur gleichmäßig frisches Gestein in Frage oder eine Vorreinigung, die bei ungünstiger Ausbildung nur reinfarbig frisches Material zur weiteren Aufbereitung abgibt.

2. Anforderungen an die Steinbruchprodukte

An die Brecherprodukte werden heute eine Anzahl von Anforderungen gestellt. Sie sollen frisch sein, wetter- und frostbeständig, möglichst eine gedrungene Kornform besitzen, die gewünschten Korngrößen einhalten, vorteilhaftes Haftvermögen und Zähigkeit bei der Verwendung als Straßen- und Eisenbahnschotter aufweisen. Körnung und Kornform als konstruktiven Eigenschaften wird heute z.T. eine größere Bedeutung zugemessen als den früher an erster Stelle betonten stofflichen Eigenschaften der Gesteine (SCHULZE 1956, TEMME 1956, BREYER 1960).

In diesem Zusammenhang sollen nur einige Punkte, die sich auf die Beschaffenheit beziehen, kurz herausgestellt werden. Zur Beurteilung des Frischheitsgrades sowie der Wetter- und Frostbeständigkeit stehen heute Methoden der makroskopischen und mikroskopischen Gesteinsuntersuchung und die physikalischen Verfahren, z. B. Wasseraufnahme und Sättigungskoeffizient, zur Verfügung, so daß eine sichere Beurteilung zu geben ist. Bereits die mit bloßem Auge erfaßbaren Kennzeichen liefern die Möglichkeit, im Abbaubetrieb, gegebenenfalls nach spezieller Vorprüfung, das auszuhaltende Material festzustellen. Korngröße und Kornform hängen weitgehend von der Sprödigkeit bzw. Zähigkeit der Gesteine ab. Ausgesprochen sprödes Verhalten zeigen Gesteine mit dichter, mehr oder weniger glasiger Grundmasse, wie manche Quarzporphyre, Melaphyre, Porphyrite sowie mitunter sogar Basalte. Zähe Gesteine sind solche mit enger Kornbindung bei körnigem Gefüge, vor allem mit engverzahntem Intersertalgefüge wie bei den meisten Diabasen, z. T. auch bei Melaphyren, Basalten, oder bei inniger Verfilzung faseriger oder stengliger Gemengteile, wie z. B. bei Amphibolit und verwandten Gesteinen. Auch die tektonische Beanspruchung mit der Neigung zu schiefriger Textur beeinflußt die im Brechvorgang entstehenden Formen ungünstig, z. B. manche Grauwacken und schiefrigen Diabase.

Günstige Kornformen sind bei massigem Gefüge mit guter Kornbindung und überhaupt bei zähen Gesteinen zu erwarten. Kommen dagegen spröde oder schiefrige Gesteine in die Brecher, so entstehen leicht die unerwünschten scheitartigen, spießigen und splittrigen Formen. In Querstellung fallen sie beim Sieben durch, obwohl die Längserstreckung ein Mehrfaches der Quererstreckung und des Durchmessers der Sieblöcher ausmacht. Der Neigung zur Entstehung ungünstiger Kornformen im Brechvorgang kann bis zu einem gewissen Grade durch die Art des Brechens begegnet werden. So gilt auch hier als erstrebenswertes Ziel, entweder Auswahl des Gesteins oder entsprechende, die Aufbereitung aber verteuernde Maßnahmen.

Wenn hier auf die z. T. anderen Anforderungen an die Steinbruchprodukte im Vergleich zu früher, d. h. die Jahre vor dem 2. Weltkriege, hingewiesen wurde, so erscheint es zweckmäßig, auf die Prüfverfahren einzugehen. Sie sind in den DIN-Normen, z. T. bereits in den neu zu erarbeitenden TGL-Blättern niedergelegt. Ihre Bedeutung werden die Wichte und die Porosität behalten, ferner Wasseraufnahme und Sättigungskoeffizient als unerläßliche und einwandfreie Kriterien zur Beurteilung der Frostbeständigkeit. Bei der Feststellung der mechanischen Eigenschaften ist es aber erforderlich, die Methoden von dem Verwendungszweck abhängig zu machen. So hat die Würfeldruckfestigkeit für Brecherprodukte keine Bedeutung. Die Festigkeitswerte, wie sie für diese Nutzung notwendig sind, hat jedes für diese Verwendung geeignete Gestein, soweit es nur frisch ist. Der Wert kann nur für eine allgemeine Gütebeurteilung benutzt werden. Für Brecherprodukte sind die Prüfungen der Widerstandsfähigkeit von Schotter gegen Druck und Schlag, für Werksteine die Feststellung der Würfeldruckfestigkeit notwendig. Unerläßlich sind bei Brecherprodukten ferner die Prüfung der Kornform (TGL 9928) und die Kontrolle der Korngrößen (KUNATH 1955, BREYER 1956).

Jede Prüfung einer Probe ist aber nur dann von Wert, wenn auch bei der heutigen Gewinnung und Aufbereitung die Gewähr gegeben ist, daß die Probe dem Durchschnitt der erzielten Produkte entspricht. Die entscheidende Prüfung liegt demnach heute in der Beurteilung der Lagerstätte, d. h. im Steinbruch und nicht im Labor.

An die Werk- und Dekorationssteine werden heute auch andere Anforderungen gestellt als früher. Werksteinmassivbau wird heute nur noch in besonderen Fällen zur Anwendung kommen. Außer Treppenstufen, Tür- und Fenstereinfassungen oder anderen Architekturteilen dient der Naturstein im Hochbau im wesentlichen nur zur Plattenverkleidung. In den großen Bauvorhaben vor mehreren Jahren haben Werk- und Dekorationssteine eine umfangreiche Verwendung gefunden. Leider ist das heute nicht mehr der Fall, und das ist aus verschiedenen Gründen sehr zu bedauern. Was sind durch die Verwendung von Natursteinen in verschiedener Bearbeitung, Farbe und Gefüge für Wirkungen zu erzielen! Für repräsentative Bauten, die jahrhundertelang von dem Bauwillen und der Baugesinnung unserer Zeit zeugen sollen, müßte zur Steigerung der architektonischen Wirkung ein gewisser Anteil Naturstein eine Selbstverständlichkeit sein. Auch praktische Gründe sprechen dafür. Ein ausgewählter frischer, wetter- und frostbeständiger Naturstein bleibt jahrhundertelang unverändert und erfordert kein Ausbessern, keinen Farbanstrich und dergl. Vor allem ist auch folgendes zu bedenken: Wird jetzt nicht unserer Werk- und Dekorationssteinindustrie durch umfangreiche Aufträge die Möglichkeit gegeben, in der Gewinnung und Verarbeitung die Mechanisierung so weit zu treiben, um mit den anderen Baustoffen wettbewerbsfähig zu bleiben, dann ist der Niedergang dieses Industriezweiges nicht aufzuhalten. Wir würden uns dann für immer die Voraussetzung zur Ausbeutung dieses wertvollen Bodenschatzes nehmen.

3. Die Natursteinvorkommen

Es sollen zunächst die Natursteine behandelt werden, die zur Herstellung von Brecherprodukten Verwendung finden. Da hier die Oberflächengesteine wichtiger als die Tiefengesteine sind, so werden diese an erster Stelle untersucht.

Quarzporphyr, Porphyr, Porphyrit, Melaphyr, Porphyrtuff

Von diesen Gesteinen sind die Quarzporphyre am weitesten verbreitet. Sie nehmen große Flächen im Thüringer Wald, in Nordwestsachsen und im Gebiet von Halle ein. Ferner finden sie sich im Erzgebirgischen Becken, im nordöstlichen Erzgebirge und dessen Abdachung zur Elbe über das Döhlener Becken, im Gebiet von Meißen, im Ilfelder Becken und im Flechtinger Höhenzug. Porphyrit und noch mehr Porphyr und Melaphyr treten im Vergleich dazu zurück. Im wesentlichen sind sie auch im Verbreitungsgebiet der Quarzporphyre zu finden.

Technisch am wichtigsten sind die Quarzporphyre. Es sind außerordentlich heterogene Gesteine, und so

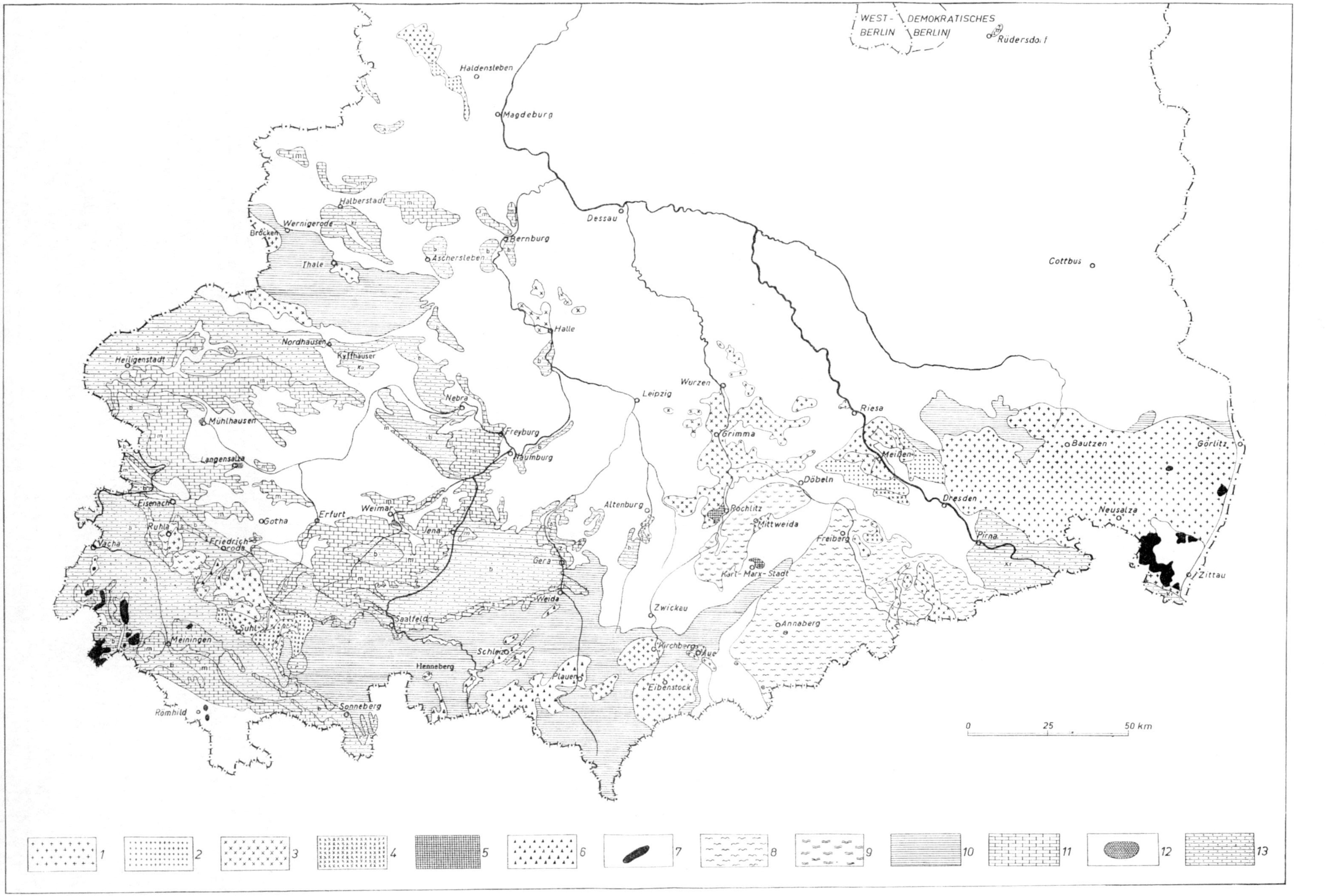

Die Natursteinvorkommen der Deutschen Demokratischen Republik

1 – Granit; 2 – Syenit; 3 – Quarzporphyr, Porphyr; 4 – Porphyrit; 5 – Porphyrtuff; 6 – Diabas; 7 – Basalt; 8 – Gneis; 9 – Granulit; 10 – Schiefer, Grauwacke, Quarzit; 11 – Kalkstein, Dolomit; 12 – Travertin; 13 – Sandstein
ko – Oberkarbon, r – Rotliegendes, z – Zechstein, b – Buntsandstein, m – Muschelkalk, k – Oberer Keuper, kr – Kreide

ist nicht eine allgemeine, sondern jeweils nur eine Einzelbeurteilung möglich. Unterschiede bestehen im Verhältnis der Grundmasse zu den Einsprenglingen, in der Ausbildung der Grundmasse, z. B. körnig, mikrofelsitisch oder granophyrisch, und im Mineralbestand. Die Quarzporphyre des Thüringer Waldes kommen als Basis für einen mechanisierten Großsteinbruch, d. h. mit einer Jahresproduktion an Brecherprodukten von 500000 bis etwa 1 Mill. t, nicht in Betracht. Dagegen sprechen ihre wechselvolle Ausbildung, der ungleiche Erhaltungszustand innerhalb der gleichen Lagerstätte und vor allem auch die ungünstige Verkehrslage.

Von großer Bedeutung dagegen ist das nordwestsächsische Porphyrgebiet mit den beiden Hauptgebieten im Raum von Wurzen und Grimma. Entwickelt sind Quarzporphyre verschiedener Beschaffenheit, Pyroxenquarzporphyre und Übergangsbildungen zwischen den beiden Haupttypen. Sie bilden Einzelkuppen oder kommen auch in größerer Ausdehnung an die Oberfläche. Die Absonderung ist säulig, plattig, dickklotzig. Dazu tritt noch die Klüftung. Vorteilhaft sind die im allgemeinen geringe Abraumdecke, der vorwiegend scharfe und rasche Übergang von der Verwitterungsdecke zum anstehenden Gestein und die fast durchweg gleichmäßig frische Beschaffenheit. Diese günstige Lagerstättenentwicklung sowie die gleichfalls günstige Verkehrslage der meisten Vorkommen bieten die Voraussetzung zur Einrichtung von Großsteinbrüchen in diesem Gebiet. Die z. T. bestehenden Nachteile, wie die teilweise hohe Sprödigkeit, verbunden mit der Neigung, schlechte Formen im Brechvorgang zu liefern, verlangen entsprechende Aufbereitung. Bei dicksäulig-klotziger Ausbildung und weitschariger Klüftung sind von Fall zu Fall Großbohrlochverfahren zu erarbeiten, um beim Schießen ein Haufwerk zu liefern, das ohne Nachschießen von den Baggern und Vorbrechern aufgenommen werden kann. Bisher sind vier Brüche vollmechanisiert.

Das relativ große Hallesche Quarzporphyrgebiet kann diese umfassend positive Einschätzung nicht erfahren. Am günstigsten erweist sich nach der Entwicklung der Lagerstätte und der Gesteinsbeschaffenheit der allerdings nur gering verbreitete Schwerzer Quarzporphyr, dessen verstärkter Abbau auch geplant ist. Der Petersbergporphyr tritt kurzklüftig, plattig abgesondert und in gleichmäßig frischer Ausbildung auf. So ist das Gestein für eine Gewinnung im Großbohrlochverfahren geeignet. Aber durch die weitaus vorherrschende dichte, granophyrische, recht spröde Grundmasse besitzt es im ausgesprochen hohen Maße die Neigung, im Brechvorgang die unerwünschten spießigen und splittrigen Formen zu geben. Der vor allem im Gebiet von Löbejün weit verbreitete Landsberger oder Löbejüner Porphyr läßt heute eine klare Entscheidung noch nicht zu. Als Intrusivgestein (Steiner 1960, S. 495) tritt er fast wie ein Tiefengestein dickbankig, grobkristallin und außerdem weitscharig klüftig auf. Darauf wie auf seiner Struktur- und Farbwirkung beruht seine vorwiegende Verwendung als Werk- und Dekorationsstein. Im bruchfeuchten Zustand hat er sich stellenweise nicht als frostbeständig erwiesen (Münch 1959). Untersuchungen des Deutschen Amtes für Material- und Warenprüfung, Magdeburg (1955, 1956), ergaben mit Werten zwischen 0,81 und 1,0 Gewichtsprozent eine über dem zulässigen Grenzwert 0,5 zu hohe Wasseraufnahme. Ungünstig hinsichtlich der Verwendung als Brecherprodukt können sich außerdem die Grobkristallinität mit den reichlichen großen Einsprenglingen und die Porosität auswirken. Außer praktischen Versuchen im Aufbereitungsverfahren fehlt zur endgültigen Beurteilung noch die Feststellung des Sättigungskoeffizienten, der Widerstandsfähigkeit von Schotter gegen Druck und Schlag und des Haftvermögens.

Die weiteren Quarzporphyr- sowie die vereinzelten Porphyrvorkommen sind nur von lokaler Bedeutung.

Größere Porphyritvorkommen finden sich im Thüringer Wald und im Flechtinger Höhenzug. Die Porphyrite des Thüringer Waldes haben wegen ihres ungleichartigen, oft mehr oder weniger angewitterten Zustandes und vor allem auch wegen der ungünstigen Verkehrslage stets nur eine geringe lokale Bedeutung besessen, und diese Beurteilung gilt heute erst recht.

Eine besondere Stellung nimmt der Augitporphyrit des Flechtinger Höhenzuges bei Haldensleben ein. Als letztes großes Vorkommen vor der Norddeutschen Tiefebene weist er einen sehr deutlichen Vorteil im Vergleich zu allen anderen Hartgesteinsvorkommen auf. Diesem Vorteil in der Verkehrslage stehen aber deutliche Nachteile in der Entwicklung der Lagerstätte gegenüber. Die Abraumdecke ist wechselnd mächtig. Stellenweise erreicht die pleistozäne Decke mehrere Meter. Eine wesentliche Unregelmäßigkeit der Gesteinsoberfläche ergibt sich durch Rundhöcker und glaziale Strudelkessel (Steiner 1962, S. 181) mit einem Durchmesser bis zu 12 m und einer Tiefe bis zu 10 m oder durch glaziale Rinnen bis zu 60 m Länge und 13 m Breite bei einer Tiefe bis zu 4 m. Die Abraumbeseitigung erfährt dadurch eine außerordentliche Erschwerung. Hinzu kommt die nicht einheitliche Ausbildung der Bruchwände. Außer der Entwicklung einer bis einige Meter mächtigen Zersatzzone mit angewittertem Gestein ist in Kluft- und Ruschelzonen der Feldspat des Porphyrits kaolinisiert, oder Lehm und Ton überziehen das kurzklüftige Gestein. Der frische Augitporphyrit erfüllt alle Anforderungen. Der z. T. bestehenden Neigung zu spießigen Formen muß durch die Art der Aufbereitung begegnet werden.

Der Porphyrit des Flechtinger Höhenzuges wird wegen seiner frachtgünstigen Lage stets in starkem Abbau stehen. Zwei große Werke sind bereits weitgehend mechanisiert. Die Gewinnung ist aber, wie aus der Darstellung der Lagerstätte zu entnehmen ist, viel schwieriger als z. B. im nordwestsächsischen Quarzporphyrgebiet. Der Abraum ist vorher nur unvollkommen oder, wie in den Strudelkesseln, überhaupt nicht zu beseitigen. Dadurch wie durch die Notwendigkeit, das Material der Zersatzzone und der kaolinisierten kurzklüftigen Gesteine mit Lehm- und Tonüberzügen zu beseitigen, ist es zur Erhaltung reinen Materials unerläßlich, auf die Vorreinigung in Sieben oder Rollenrosten größten Wert zu legen. Im Hinblick auf die ungünstigen Verhältnisse der Lagerstätte und der Gesteinbeschaffenheit wird es demnach auch hier erforderlich, bei der Aufbereitung, vor allem der Vorreinigung, so zu verfahren, daß trotzdem gleichmäßig frisches und reines Material erhalten wird.

Der Melaphyr hat in der DDR keine Bedeutung. Die Vorkommen sind klein oder liegen verkehrsungünstig, oder das Gestein neigt, wie der Melaphyr vom Limberg bei Pößneck, zu kokkolithischem Zerfall.

Wichtig als Werk- und Dekorationsstein ist der Porphyrtuff. Der seit dem frühen Mittelalter als Werk-, Dekorations- und Bildhauerstein viel verwendete mattrote Rochlitzer Porphyrtuff läßt die heute erwünschte Plattenherstellung zu. So könnte und müßte er, um ein farbiges Element in unsere moderne Baugestaltung zu bringen, eine weitaus umfangreichere Verwendung erfahren, als es jetzt der Fall ist. Der Porphyrtuff des Zeißigwaldes bei Karl-Marx-Stadt, bekannt als der Zeißigwaldtuff, kann nur lokale Bedürfnisse befriedigen. Die recht farbenfrohen Porphyrtuffe des Thüringer Waldes, z. B. von Tambach-Dietharz, stehen leider schon seit Jahren nicht mehr im Abbau.

Diabas

Beim Diabas treffen vorteilhafte technische Eigenschaften mit meist ungünstiger Lagerstättenentwicklung zusammen. Das Gestein ist durch die vorherrschende Intersertalstruktur zäh, liefert im Brechvorgang im allgemeinen die erwünschten gedrungenen Formen und besitzt außerordentlich günstiges Haftvermögen zu Zement und Bitumen. Andererseits sind die Lagerstätten meist mehr oder weniger stark tektonisch beansprucht. Außer bestehender Engklüftigkeit mit Kluftabständen meistens nur von einigen Dezimetern sind oft bis mehrere Meter Breite erreichende Ruschelzonen mit kurzklüftiggem, angewittertem oder sogar gänzlich verwittertem Gestein eingeschaltet. Durch die leichte Angreifbarkeit der Mineralien bildet sich außer einer mehrere Meter mächtigen lehmigen Verwitterungsdecke eine ebenfalls einige Meter erreichende Zersatzzone im Übergang zum frischen Material in allen Stadien der Erhaltung. In manchen Vorkommen ist das Gestein infolge der tektonischen Beanspruchung mehr oder weniger geschiefert, so daß im Brechvorgang scheitartige, spießige, dünnsplittrige Formen entstehen. Die Art der Absonderung und Klüftung läßt selten die Gewinnung größerer Blöcke zur Herstellung von Werksteinen oder Pflaster zu. Infolge der hohen Zähigkeit ist Pflaster selbst maschinell nur schwierig herzurichten. Diabaspflaster wäre aber durch die Zähigkeit, Kanten- und Stoßfestigkeit sowie die Gewähr für bleibende Rauhigkeit im Verkehr selbst für ansteigende Straßen gut geeignet.

So sind selten die Voraussetzungen zur Errichtung von vollmechanisierten Betrieben gegeben. Jede Neuerrichtung oder Erweiterung eines Diabasbruches verlangt daher eine eingehende geologische und petrographische Untersuchung. Um gleichmäßig reinfarbiges, frisches Gestein zu erhalten, muß auf die Abraumbeseitigung und die Vorreinigung ganz besondere Sorgfalt verwandt werden.

Die größten und wichtigsten Diabasvorkommen liegen im Ostthüringischen Schiefergebirge sowie im angrenzenden Vogtland und Frankenwald. Die Ausbeutung erfolgt in mehreren Klein- und Mittelbetrieben im Gebiet von Weida, Schleiz und Plauen (bis 100000 bzw. bis 500000 t Steinbruchprodukte im Jahr). Einige der Mittelbetriebe bieten die Voraussetzungen zur Mechanisierung (z. B. Gebiet Weida). Die großen Vorkommen in vorteilhafter Lagerstättenausbildung bei Lobenstein liegen leider verkehrsungünstig. Wenn demnach in dem großen Diabasgebiet auch einzelne Voraussetzungen zur Mechanisierung bestehender Mittelbetriebe und in Einzelfällen zur Neuerrichtung von Mittelsteinbrüchen vorhanden sind (z. B. Gebiet Saalburg), so wird insgesamt betrachtet der ostthüringisch-vogtländische Diabas nur eine relativ geringe Rolle in der Erzeugung von Steinbruchprodukten spielen. Die gleiche Beurteilung müssen die Diabase des Harzes erfahren.

Dagegen steht als wertvolle Reserve mit den Voraussetzungen zur Errichtung eines Großsteinbruches der Mesodiabas des Hühnbergzuges von Schnellbach — Mittlerer Hühnberg — Friedrichroda im Thüringer Wald zur Verfügung. Der permische intrusive Mesodiabas mit sowohl körnigem als auch Intersertalgefüge vereinigt in seltener Weise die Festigkeit des Gabbros mit der Zähigkeit der Diabase. Nach Gefüge und Mineralbestand wurde das Gestein auch als Gabbrodiabas bezeichnet, ein in der Gesteinsnomenklatur unmöglicher Name, der aber seine technischen Eigenschaften gut zum Ausdruck bringt. Das Gestein eignet sich vorzüglich als Werkstein, als Pflaster und zur Herstellung von Brecherprodukten. Als einziger Nachteil kann seine Lage am Südrand des Thüringer Waldes gelten. Der vor dem Kriege bestehende große Bruch am Mittleren Hühnberg ist wegen der ungünstigen klimatischen Verhältnisse und der Länge der Seilbahnstrecke zum Bahnhof Tambach-Dietharz nicht wieder in Betrieb genommen worden.

In diesem Zusammenhang sei auf die in der Steinindustrie im allgemeinen als Diabase bezeichneten diabasähnlichen Ganggesteine (Spessartit, Proterobas) der Lausitz, des Gebietes von Neusalza südlich Bautzen, eingegangen. Die Hauptverwendung des in mehreren Klein- und Mittelbetrieben abgebauten Gesteins erfolgt als Werk- und Dekorationsstein. Durch seine Farb- und Strukturwirkung, Schleif- und Polierfähigkeit sind die dunklen oder grünlichen Gesteine dafür bestens geeignet. Die Schotterproduktion ist gering.

Der Diabastuff aus dem Bruch Rentzschmühle bei Plauen verdient wegen seines beständigen mattgrünen Farbtons zumindest wieder die Verwendung als Werkstein wie früher. Die vereinzelt anfallenden großen Diabasblöcke sollten ausgehalten werden. Diabasplatten in gesägter, geschliffener oder polierter Verarbeitung würden wegen ihrer dunkelgrünen Färbung ein weiteres wertvolles Material zur farbigen Gestaltung von Bauwerksteilen der Innen- und Außenarchitektur liefern.

Basalt

Eines der wertvollsten Gesteine in der Verwendung als Zuschlagstoff, für den Straßenbau, als Gleisbettungsmaterial sowie unter gewissen Voraussetzungen auch als Pflaster ist der Basalt.

Thüringen grenzt an das Basaltgebiet der Rhön an. Südlich des Thüringer Waldes steht der Basalt des Großen Gleichberges bei Römhild im Abbau. Die vereinzelten oder nur kleinen Vorkommen des Erzgebirges, der Gebiete um Pirna, Zittau und Löbau werden überhaupt nicht ausgebeutet oder sind nur von lokaler Bedeutung.

Leider wird heute, im Gegensatz zu den Anforderungen vor dem Kriege, dem Sonnenbrand nicht die Beachtung gewidmet, den er auf alle Fälle erfordert. Wenn auch bei den Basalten, die Sonnenbrandanzeichen — graue Flecken und davon ausgehende Haarrisse — bereits im Bruch zeigen und die nicht zu Grus zerfallen, bei nicht zu hohen Anforderungen eine Verwendung in Splittform als Zuschlag für zulässig gehalten wird, so ist jedes auch nur sonnenbrandverdächtige Gestein als Schotter im Straßen- und Eisenbahnbau unbrauchbar.

Sowohl lagerstättenmäßig als auch nach der Beschaffenheit ist der Basalt für die heutige vollmechanisierte Gewinnung geradezu prädestiniert. Die Grenze der Verwitterungsdecke zum frischen Gestein ist scharf. Das anstehende Gestein zeigt überall gleichmäßige Beschaffenheit. Die Gewinnung kann, je nach der Art der Absonderung, sowohl durch Kammersprengungen als auch nach dem Großbohrlochverfahren erfolgen.

Durch die Nähe der Staatsgrenze ist die Basaltgewinnung heute geringer als früher. Manche Schwierigkeiten der Versorgung mit Brecherprodukten würden sich ohne weiteres beheben lassen, wenn der Basalt wieder stärker zur Verfügung stände. Es wäre angebracht, eingehend zu untersuchen, ob auch unter den gegebenen Verhältnissen der Basaltabbau in der Rhön und ihren Vorbergen eine wesentliche Erweiterung zuläßt.

Phonolith tritt nur in geringer Verbreitung im Erzgebirge und im Zittauer Gebiet auf. Er ist nur von lokaler Bedeutung.

Granit

Unsere Granite erfahren heute im wesentlichen Verwendung als Werksteine und Pflaster. Bei unseren relativ beschränkten Gesteinsvorkommen, die die Einrichtung von Großsteinbrüchen zulassen, werden in Zukunft Granitbrecherprodukte eine stärkere Bedeutung besitzen als heute. Der mittelkörnige Granit des Hennebergs Ostthüringens, in Gefüge und Druckfestigkeit etwa dem Granit von Demitz-Thumitz in der Lausitz entsprechend, hat sich als Zuschlagstoff, Straßen- und Eisenbahnschotter seit Jahrzehnten bewährt. Hinsichtlich der Eignung von Granitlagerstätten zur Errichtung von mechanisierten Großsteinbrüchen für Brecherprodukte bestehen aber zwei Nachteile. Bei dickbankiger Absonderung und weitschariger Klüftung sind zunächst noch die Methoden der Großbohrlochsprengverfahren zu entwickeln, die den Anfall eines für Transport und Brecherwerk kleinstückigen Haufwerks liefern. Wiederholt schaltet sich zwischen der lehmigen Verwitterungsdecke und dem frischen Gestein eine bis einige Meter mächtige Zersatzzone mit angewittertem Granit ein. Dagegen ist die Ausbildung im Massiv im allgemeinen von gleichmäßiger und frischer Beschaffenheit.

In dem großen Lausitzer Granitgebiet besitzen wir eine Rohstoffbasis von großer wirtschaftlicher Bedeutung. Eine vorteilhafte Lagerstättenentwicklung zeigt auch der Granit des Brockenmassivs. Weitere Granitvorkommen von zum Teil lokaler Bedeutung finden sich im Meißener Granit-Syenitmassiv, im Erzgebirge bei Oberschlema, Aue, Kirchberg, Eibenstock, Bergen, im Granulitgebirge bei Mittweida, im Unterharz im Rambergmassiv, im Thüringer Wald bei Brotterode, Suhl und in Ostthüringen am Henneberg.

Im Lausitzer Granitmassiv stehen in vorzüglicher Lagerstättenentwicklung zur Gewinnung von Rohblöcken jeder Größe der graue, mittelkörnige Hauptgranit (Granodiorit) und der ebenfalls meist mittelkörnige, graue, z. T. auch rötliche Königshainer Stockgranit zur Verfügung. Sie dienen seit langem als Werk- und Dekorationssteine sowie als Pflaster. Der ebenfalls in günstiger Lagerstättenentwicklung auftretende Granit des Brockenmassivs und der anschließende Ilsensteingranit von grauer, grünlicher und rötlicher Farbe werden, im wesentlichen wegen der mangelhaften Aufschließung des Gebietes durch Wege, leider heute nur noch in geringem Maße abgebaut. Als Rohblöcke oder als Platten in verschiedener Zurichtung ist dieser Granit wie der Lausitzer Granit für den Export geeignet. Das gleiche gilt für den roten Meißener sogenannten Riesensteingranit. Er ist der einzige rote Granit Deutschlands, der einem Vergleich mit den nordischen roten Graniten standhält. Der Export unserer Granite ließe sich wohl wesentlich steigern. Das setzt natürlich eine weitgehend mechanisierte Gewinnung und Verarbeitung voraus. Die weiteren Tiefengesteine sind im Hinblick auf ihre geringe Verbreitung nur von lokaler Bedeutung. Abbau zur Herstellung von Brecherprodukten, Mauer- oder Werksteinen erfahren die Syenite von Gröba und aus dem Plauenschen Grund bei Dresden sowie früher der Gabbro am Nordwestrand des Brockenmassivs.

Granulit und Gneis

Der Granulit des sächsischen Granulitmassivs zwischen den Orten Glauchau, Rochlitz, Roßwein und Frankenberg tritt in drei Ausbildungen auf. Vorherrschend ist der graue, mehr oder weniger Biotit führende Biotitgranulit. Im Vergleich dazu treten der helle Weißstein und noch mehr der dunkle Pyroxengranulit deutlich zurück. Der Granulit ist ein sicher wetter- und frostbeständiges, festes, gleichmäßig frisches Gestein, nur spröde. Infolge der mehr oder weniger ausgeprägten schiefrigen Textur entstehen im Brechvorgang leicht die unerwünschten scheitartigen Formen. Der Biotitgranulit kann durch Biotitschlieren beeinträchtigt sein. Abbau erfolgt heute in mehreren Klein- und Mittelbetrieben. Es ist nach Auffassung von Geol.-Ing. SCHEUMANN unter Umständen möglich, nach eingehender Erkundung Vorkommen zu finden, die die Errichtung von mechanisierten Großsteinbrüchen zulassen. Wegen der Neigung, im Brechvorgang ungünstige Schotter- und Splittformen zu geben, bedarf die Art der Aufbereitung sorgfältiger Untersuchung.

Die Gneise des Erzgebirges sind als Brecherprodukte nur von geringer lokaler Bedeutung. Dagegen sollte die Verwendung als wildes Mauerwerk gefördert werden. Welche großartige Wirkung sich dadurch erreichen läßt, zeigt z. B. die Annenkirche in Annaberg.

Tonschiefer, Grauwacke, Quarzit

Sobald die Tonschiefer plattig und bankig auftreten, sind sie als Baustein geeignet. Bekannt sind die dunklen Theumaer Frucht- und Knotenschiefer. Im Ostthüringischen Schiefergebirge verdienen die mattgrünen quarzstreifigen Phycodenschiefer, die ein farbiges, lebendig wirkendes, wildes Mauerwerk liefern, wieder die Verwendung, die sie Jahrhunderte hindurch besessen haben (Gebiete Lobenstein, Gräfenthal, Steinach). Die Steinacher Schieferwerke stellen aus dunklen und auch grünlichen, altpaläozoischen Tonschiefern neben

Schalttafeln u. dgl. auch Platten für Fußboden- und Wandbelag her.

Die Hauptverbreitung der Grauwacken liegt im Harz, im Ostthüringischen Schiefergebirge mit anschließendem Vogtland und in der Lausitz am Nordrand des Granitmassivs.

Das entscheidende Problem zur Verwendbarkeit der Grauwacken sind die Tonschiefereinschaltungen. Bei der früheren Gewinnung sowie der Handverladung spielte die Ungleichförmigkeit der Lagerstätte keine so entscheidende Rolle wie bei einer etwaigen Vollmechanisierung der Gewinnung und Aufbereitung. Nach mündlicher Mitteilung von Dipl.-Geol. BERTHOLD, Jena, ist in einem Grauwackebruch oberhalb Ilfeld selbst bei einem geschätzten Anteil von Tonschiefer bis zu 20% die Schieferbeimengung im Schotter und Splitt ganz gering. Der Tonschiefer erscheint nach dem Brechen vorwiegend im Gesteinsmehl und Gesteinssand. Ob sich diese örtliche Erfahrung verallgemeinern läßt, bedarf der Prüfung; denn das Verhältnis Grauwacke zu Tonschiefer und die Art der Tonschiefereinschaltungen können örtlich sehr verschieden sein. Im Ostthüringischen Schiefergebirge läßt der mehr oder weniger hohe Schieferanteil die Gewinnung im Großbohrlochverfahren nicht zu. Die Lausitzer Grauwacke, die in mehreren Klein- und Mittelbetrieben abgebaut wird, hat durch die schwache Metamorphose eine günstige Beschaffenheit hinsichtlich Festigkeit und Zähigkeit erhalten. Das Problem der Schiefereinschaltungen besteht aber auch hier. So bedarf es für jedes Grauwackenvorkommen sehr umfangreicher gesteinstechnischer Untersuchungen, ob, in welchem Ausmaß und in welcher Art ein Abbau erfolgen kann. Wegen der schiefrigen Textur der Grauwacken muß die Aufbereitung so durchgeführt werden, daß sich brauchbare Kornformen ergeben.

Die in unseren altpaläozoischen Schichten wiederholt eingeschalteten Quarzite sind als Brecherprodukte nur von lokaler Bedeutung. Wechsellagerung mit Schiefer und Grauwacke, Kurzklüftigkeit, plattige Absonderung, Sprödigkeit, Schiefrigkeit, z. T. starke Glimmerbeimengung und Überzug mit Rot- oder Brauneisen, ungünstige Verkehrslagen haben schon immer einen stärkeren Abbau dieser Gesteine verhindert.

Kalkstein, Dolomit und Travertin

Die paläozoischen Kalksteine, wie Ockerkalk, Knotenkalk, Kalke und Dolomite des Zechsteins, spielen heute in der Verwendung als Werksteine nur noch eine untergeordnete Rolle. Allein die devonischen farbigen Knotenkalke des Gebietes von Schleiz stellen wegen ihrer Struktur- und Farbwirkung, Schneid-, Schleif- und Polierfähigkeit einen wervollen Dekorationsstein dar. Nach ihrem Verarbeitungsort sind sie als Saalburger Marmor bekannt.

Seit Jahrhunderten bis auf den heutigen Tag sind dagegen die Kalksteine des Muschelkalks von Bedeutung, und zwar weniger die Terebratulakalke als vielmehr die verschiedenartigen Kalke des Schaumkalkhorizontes. Abgesehen von der Herstellung von Sockelmauerwerk, Tür- und Fenstereinfassungen in kleinen Betrieben für den lokalen Bedarf sind heute jene Lagerstätten von weiterem Interesse, in denen nach Klüftung und Bankung große Werkstücke zur weiteren Verarbeitung zu gewinnen sind, z. B. Platten, Tür- und Fenstereinfassungen oder andere Bauwerksteile. Derartige günstige Lagerstätten in Verbindung mit größeren, weitgehend mechanisierten Verarbeitungsbetrieben bieten die Schaumkalkbrüche im Seebachgrund von Oberdorla bei Mühlhausen mit den Verarbeitungsbetrieben in Oberdorla und Langensalza sowie die Brüche im Gebiet von Freyburg an der Unstrut mit der Verarbeitung in Freyburg und Laucha (POMPER & JUBITZ 1960). Die Kalksteine kommen dicht, oolithisch, als Schillkalk und schließlich als poröser Schaumkalk von grauer oder lichtgelber Farbe vor. Die verschiedenen Strukturen und Farben treten auf den geschnittenen oder geschliffenen Platten oder sonstigen Architekturteilen vorteilhaft in Erscheinung, so daß sich in Abhängigkeit einmal von der Gesteinsbeschaffenheit, zum anderen von der Art der Bearbeitung bei der Verwendung verschiedenartige Wirkungen erzielen lassen. Die Kalksteine sind wetter- und frostbeständig. Das berühmte Beispiel der Verwendung des Freyburger Muschelkalkes ist der Naumburger Dom mit seinem vielseitigen ornamentalen Beiwerk.

Wie der Muschelkalk, so hat auch der Travertin seit Jahrhunderten, wie in Mühlhausen, bis heute eine umfassende Verwendung gefunden. Heute überwiegt die Plattenverkleidung. Das lückige Gefüge sowie der hellgelbe, beim Altern geradezu leuchtende grauweiße Farbton erzeugen eine nur diesem Gestein eigene Struktur- und Farbwirkung. Leider sind unsere Vorkommen bereits stark ausgebeutet. Die Lagerstätte im Stadtgebiet von Mühlhausen ist praktisch erschöpft. In Langensalza sind in bis 2 m starken Bänken zwar noch große Vorräte vorhanden, aber im Bereich des überbauten Stadtgebietes. Die Vorräte in Ehringsdorf bei Weimar reichen, wenn weiterhin der Travertin fast ausschließlich gebrannt wird, nur noch einige Jahrzehnte. Weitere Vorkommen von Travertin zur Verwendung als Werk- und Dekorationsstein sind nicht vorhanden.

Sandstein

Die Verwendung des Sandsteins ist stärker zurückgegangen als die anderer Sedimentgesteine. Das hat verschiedene Gründe. Einmal haben anscheinend die teilweise beobachteten Verwitterungserscheinungen von der Nutzung abgehalten. Dieser Grund ist aber nicht mehr stichhaltig. Wir haben heute, wie eingangs bereits ausgeführt wurde, eine Reihe Methoden zur sicheren Beurteilung. Ein wesentlicher Grund dürfte auch darin liegen, daß vor allem unsere festen, eingekieselten Sandsteine die maschinelle Bearbeitung, wie Schneiden und Schleifen, sehr erschweren. Der Rückgang ist außerordentlich zu bedauern. Auch im Gebiet der DDR sind Sandsteine verschiedener Ausbildung weit verbreitet, und es sollten alle Mittel ergriffen werden, um die Ausnutzung dieses wertvollen Bodenschatzes zu fördern. Die verschiedenfarbigen Sandsteine mit ihrer vielfachen Wirkung geben dem Architekten zahlreiche Anwendungsmöglichkeiten.

Von unseren Sandsteinvorkommen ist heute das des Elbsandsteins das wichtigste. Der feinkörnige, lichtgelblichgraue Cottaer Sandstein läßt verhältnismäßig leicht eine verschiedenartige maschinelle Bearbeitung zu, u. a. auch die Herstellung von Platten. So ist er noch am häufigsten auch in den Bauwerken der letzten Zeit zu finden. Der im allgemeinen gröberkörnige

Hauptsandstein, um diesen zusammenfassenden Ausdruck für die anderen Sandsteine des Gebietes zu gebrauchen, ist wesentlich stärker eingekieselt als der Cottaer Sandstein und daher fester und schwieriger zu bearbeiten als dieser.

Der bereits zum Bau der Wartburg verwandte, durch den warmen lichtgelben Farbton ausgezeichnete Seebergsandstein vom Großen Seeberg bei Gotha wird seit einigen Jahren nicht mehr abgebaut. Die rotbraunen, roten oder gelblichbraunen Sandsteine des Buntsandsteins, die früher an vielen Stellen in Thüringen und im Unstrutgebiet, z. B. in großen Brüchen bei Nebra, gewonnen wurden, stehen heute nur noch gering für den lokalen Bedarf im Abbau. Das gilt auch für die kräftig braunrot gefärbten Sandsteine des Rotliegenden des Thüringer Waldes und den Ummendorfer Keupersandstein des Magdeburger Gebiets. Das großartigste Beispiel seiner Verwendung ist der Magdeburger Dom.

4. Die Rohstoffbasis für unsere Natursteinindustrie

Nachdem ein Überblick über die heutigen Anforderungen an die Lagerstätten und die Steinbruchprodukte sowie über die Natursteinvorkommen gegeben wurde, soll nun zusammenfassend herausgearbeitet werden, welche Vorkommen zur Verfügung stehen und wie die Rohstoffbasis unserer Natursteinindustrie zu beurteilen ist. Im Vergleich zu früher werden nur noch relativ wenige, in verschiedener Hinsicht ausgesprochen günstige Vorkommen den zu stellenden Anforderungen entsprechen. So drängt die Entwicklung zu einer Auslese. Im Vorteil werden Großsteinbrüche sein, ebenso aber auch andere Betriebe, wenn ihnen günstige Lagerstätten zur Verfügung stehen und Gewinnung und Verarbeitung weitgehend mechanisiert sind.

Vorkommen zur Gewinnung von Brecherprodukten und Pflaster

Vorteilhafte Lagerstättenentwicklung für Brecherprodukte ist gekennzeichnet durch einheitliche Gesteinsausbildung, klare Trennung der Abraumdecke vom frischen Gestein ohne eine zwischengeschaltete Zersatzzone, das Entstehen gedrungener Formen im Brechvorgang. Andernfalls sind Maßnahmen zur Vorreinigung und Brechereinrichtungen zur Erhaltung der gewünschten Formen erforderlich.

Geeignete Lagerstätten zur Errichtung von vollmechanisierten Großsteinbrüchen (500000—1 Mill. t Jahresproduktion) bieten die Quarzporphyre von Nordwestsachsen und in geringerem Umfang das Hallesche Porphyrgebiet. Die Augitporphyrite des Flechtinger Höhenzuges bei Haldensleben werden trotz ungünstiger Abraumverhältnisse und Lagerstättenentwicklung infolge der vorteilhaften Verkehrslage zum Norddeutschen Flachland stets umfangreichen Abbau aufweisen. Den vorteilhaften technischen Eigenschaften der Diabase stehen die Benachteiligung durch die Lagerstätte und die oft ungünstige Verkehrslage entgegen. Im Ostthüringischen Schiefergebirge und dem angrenzenden sächsischen Vogtland bestehen die Voraussetzungen für Mittelbetriebe (100000—500000 t Jahresproduktion), wobei allerdings die Vorreinigung sicher und weitgehend durchgeführt werden muß. Das bisher nur in Kleinbetrieben gering ausgebeutete Mesodiabasvorkommen von Schnellbach über den Mittleren Hühnberg bis Friedrichroda im Thüringer Wald stellt eine wertvolle, große Reserve dar. Die Basalte der Rhön und ihrer Vorberge sind, soweit sonnenbrandfrei, für einen vollmechanisierten Großabbau in den großen Vorkommen denkbar gut geeignet, z. B. der Steinbruch des Dietrichsberges bei Vacha. Leider verbietet hier die Staatsgrenze die bessere Nutzung der Vorkommen. Die Granulite Sachsens lassen nach der Art der Lagerstätte und des Gesteins nur in einzelnen, sorgfältig vorerkundeten Vorkommen die Einrichtung von mechanisierten Mittel- bis Großbetrieben zu. Die Grauwacken stellen an sich als Brecherprodukt ein gut geeignetes Gestein dar. Die Vorkommen sind aber meist durch Schiefereinschaltungen beeinträchtigt. Wie bei Granulit sind vor einem Abbau eingehende Untersuchungen erforderlich.

Die Darstellung zeigt überraschenderweise, daß die Rohstoffbilanz im Hinblick auf die Frage, wo die Voraussetzungen zur Errichtung von vollmechanisierten Großsteinbrüchen bestehen, durchaus nicht günstig ist. So drängt sich der Hinweis auf das große Lausitzer Granitmassiv auf. Granitschotter wurde bisher im Vergleich zu Porphyr-, Diabas- oder Basaltschotter zurückgesetzt, wohl infolge der geringeren Zähigkeit im Vergleich zu diesen Gesteinen. Aber da heute den konstruktiven Eigenschaften mehr oder weniger der Vorzug vor den stofflichen Eigenschaften gegeben wird, sind die früheren Einwände nicht mehr so stichhaltig. Hierzu müßten sich der Straßenbau und hinsichtlich der Verwendung als Zuschlagstoffe die Betonindustrie äußern. Aber ganz gleich, wie die Beurteilung ausfällt, so bleibt doch die Tatsache bestehen, daß das Lausitzer Granitmassiv auch zur Herstellung von Brecherprodukten die umfangreiche und praktisch nicht erschöpfbare Reserve darstellt. Zur Herstellung von Pflaster kommt heute fast ausschließlich der Lausitzer Granit in Betracht.

Vorkommen zur Gewinnung von Werk- und Dekorationssteinen

Im Interesse der Offenhaltung von Steinbrüchen und vor allem zur Heranbildung von Steinmetzen ist es in höchstem Maße erwünscht, daß Klein- und Mittelbetriebe bestehenbleiben, um den lokalen Bedarf von Sockelsteinen, Verkleidungen, Tür- und Fenstereinfassungen sowie anderen Steinmetzarbeiten zu decken. An dieser Stelle seien nur die wenigen großen und günstigenVorkommen herausgehoben, die die Voraussetzungen zu weiterem Ausbau der Verarbeitungsanlagen bieten. Das sind die Muschelkalkwerke und Brüche von Freyburg a. d. Unstrut sowie vom Seebachgrund bei Mühlhausen mit den Verarbeitungsbetrieben Langensalza und Oberdorla sowie die Travertinwerke Langensalza und der kleinere Travertinbetrieb in Ehringsdorf bei Weimar. Unter den Sandsteinen stehen die Elbsandsteine an erster Stelle. Außerdem sollten aber alle Anstrengungen unternommen werden, um den Seebergsandstein bei Gotha wieder zu verwerten. Um dem Architekten die Möglichkeit für Farbwirkung zu geben, sollte ein Buntsandsteinbruch, der in der Lage ist, große Rohblöcke auch zur Herstellung von Platten zu liefern, stärker betrieben werden. Nach der Entwicklung der Lagerstätte und Gesteinsbeschaffenheit könnte dafür der Buntsandstein von Nebra an der Unstrut oder von Arenshausen westlich Heiligenstadt in Frage kommen.

Als Werk- und Dekorationssteine, vor allem auch in der heute vorwiegend gewünschten Plattenverkleidung, sind außerdem unsere Eruptivgesteine und Schiefer von Bedeutung. Vorteilhaft lassen sie verschiedene Verarbeitung zu, z. B. gesägt, geschliffen oder poliert. Dazu kommen die Struktur- und Farbwirkung. Hier seien nur die wichtigsten Vorkommen angeführt: der graue und z. T. auch rote Lausitzer Granit, der graue, z. T. auch grünliche und rötliche Brockengranit, der grobkörnige rote Riesensteingranit von Meißen, der grobkristalline rote Quarzporphyr von Löbejün bei Halle, der rote Porphyrtuff vom Rochlitzer Berg, die grünen bis dunkelgrünen diabasähnlichen Ganggesteine des Gebietes von Neusalza in der Lausitz, der dunkle Schiefer von Theuma bei Plauen sowie die mattgrünen Schiefer des Ostthüringischen Schiefergebirges. Der in schwarzer, grauer oder roter Farbe entwickelte Saalburger Marmor kommt im polierten Zustand nur für eine Innenverwendung in Betracht.

So stehen für den Straßenbau, als Bahnschotter, Zuschlagstoffe, Werk- und Dekorationssteine im Gebiet der DDR verschiedene Vorkommen zur Verfügung. Gewinnung und Aufbereitung der Gesteine müssen heute weitgehend mechanisiert sein. Dafür eignet sich nur ein Teil der Lagerstätten. Nach Auswahl der bestgeeigneten Vorkommen und Ausbau der Verarbeitungsbetriebe wird die Natursteinindustrie in der Lage sein, alle Anforderungen hinsichtlich Menge, Qualität und Wirtschaftlichkeit zu erfüllen.

Zusammenfassung

Die vorgesehene Mechanisierung der Gewinnung und Aufbereitung der Steinbruchprodukte stellt besondere Anforderungen an die Lagerstätte und die Gesteinsbeschaffenheit, die im einzelnen beschrieben werden. Es wird untersucht, ob und in welchem Maße die Natursteinvorkommen den heute zu stellenden Anforderungen entsprechen. Nur relativ wenige Vorkommen besitzen günstige Voraussetzungen zur Mechanisierung. Es werden verschiedene Gründe dafür angeführt, den Naturstein im Hochbau mehr, als dies gegenwärtig geschieht, zu verwenden.

Резюме

Предусмотренная механизация добычи и сортировки продуктов каменоломней предъявляет к месторождению и свойствам горных пород особенные, подробно описанные требования. Исследуется, соответствуют ли и в каком масштабе месторождения естественных камней современным требованиям. Лишь некоторые месторождения имеют благоприятные предпосылки для механизации. Приводятся разные обоснования для использования естественных камней в высотном строительстве в большей степени, чем это сейчас практикуется.

Summary

A detailed description is given of particular requirements to be satisfied by the deposit and rock quality in the mechanized production and preparation provided for quarry products. An investigation is made into how and if natural-stone occurrences comply with present-day requirements. Relatively few occurrences only are qualified for mechanization. Several reasons are given for a more comprehensive use of natural stones in building construction than is the case at present.

Literatur

BREYER, H.: Die Anforderungen der Bundesbahn an Gleisschotter. – Der Naturstein im Straßenbau, H. 4, 53–64, Stein-Verlag, Bonn 1956.
– Körnung und Kornform von Schotter und Splitten als durchschlagende konstruktive Eigenschaften. – Z. Die Industrie der Steine u. Erden, H. 3, Hannover 1960.

BURRE, O.: Die wichtigsten an Berliner Bauten in der Außenarchitektur verwandten natürlichen Gesteine nach Art und Herkunft. – Jahrb. preuß. geol. Landesanst., 47, 116–159, Berlin 1926.

DIENEMANN, W. & O. BURRE: Die nutzbaren Gesteine Deutschlands und ihre Lagerstätten. II. Feste Gesteine. – Verlag Enke, Stuttgart 1929.

FISCHER, M.: Gesteinstechnische Untersuchungen der Quarzporphyre im Raume Wurzen (Nordwestsachsen). – Z. angew. Geol., 9, 79–86, Berlin 1963.

HOPPE, W.: Vorkommen und Beschaffenheit der Werk- und Dekorationssteine in Thüringen. – Union Deutsche Verlagsges., Berlin 1939.
– Bauwerk und Baustein. – Wiss. Zeitschr. Hochsch. Arch. u. Bauw. Weimar, 10, H. 3, Weimar 1963 (im Druck).

KUNATH, H.: Kornzusammensetzung und Kornform im bituminösen Straßenbau. – Z. Straßentechnik, 3, 25–28, Berlin 1955.

MÜNCH, D.: Die Porphyre des Halleschen Gebietes. – Unveröff. Diplomarbeit Hochsch. Arch. u. Bauw., Inst. Geol. u. Techn. Gesteinsk., Weimar 1959.

POMPER, J. & K. B. JUBITZ: Der Schaumkalk von Freyburg-Unstrut, ein hochwertiger Werk- und Ornamentstein. – Z. Silikattechnik, 11, 167 bis 174, Berlin 1960.

SCHEUMANN, H.: Gewinnung und Verwendung von Pflastersteinen. – Z. angew. Geol., 6, 283–284, Berlin 1960.

SCHULZE, K.: Die Bedeutung der Kornform bei Schotter und Splitt und ihre Beurteilung mittels Kornformschieblehre. – Der Naturstein im Straßenbau, H. 4, 19–34, Stein-Verlag, Bonn 1956.

STEINER, W.: Zur Geologie des Halleschen Porphyrkomplexes. – Geologie, 9, 492–512, Berlin 1960.
– Glaziale Strudelkessel an der Oberfläche des Augitporphyrits im Flechtinger Höhenzug. – Geologie, 11, 181–196, Berlin 1962.

TEMME, TH.: Die Anforderung an die Körnungen von gebrochenem Gestein für den Straßenbau. – Der Naturstein im Straßenbau, H. 4, 37–51, Stein-Verlag, Bonn 1956.

Zum Problem der Abbaukondition bei pleistozänen Schollenlagerstätten[1]

KLAUS GROTH, Schwerin

Die oberflächennahen Bodenschätze Mecklenburgs beschränken sich zumeist auf quartäre Ablagerungen. Nur an wenigen Stellen finden sich präquartäre Bildungen, die jedoch vorwiegend als glazigene Schollen vorliegen. Da sie sehr häufig hochwertige Grundstoffe darstellen (z. B. Jasmunder Kreidekalk, Friedländer Eozänton), bilden die Vorkommen bei entsprechender Größe und regionaler Häufung volkswirtschaftlich wichtige Lagerstätten.

Anhand der in den letzten Jahren eingehender erkundeten Lagerstätten Jasmund und Friedland werden die Probleme dargelegt, die sich auf Grund des in beiden Lagerstätten ähnlichen geologischen Baus der nutzbaren Lagerstättenkörper bei der Festlegung der Konditionen und der Bilanzierung der Vorräte ergeben haben.

Kurze Charakteristik der geologischen Verhältnisse

Die Schollenlagerstätten von Jasmund und von Friedland sind durch glaziären schuppenähnlichen Bau gekennzeichnet. Die einzelnen Schuppen stellen gestreckte, zum großen Teil sehr schmale Körper dar, deren streichende Länge ein Vielfaches der Breite beträgt. Seitlich werden die von pleistozänen Ablagerungen umschlossenen Körper durch mehr oder weniger ebene Flächen begrenzt, die der Aufschubrichtung des Eises entgegengesetzt einfallen. In Richtung dieses Einfallens setzen sich die Körper in größere Teufen fort (s. Abb. 1–4).

In Einzelheiten der Formen bestehen zwischen den Kreidekalk- und den Tonschuppen geringe Unterschiede, die vorwiegend die Länge der Körper und die Ausbildung der seitlichen Begrenzungsflächen betreffen. Während die Kreidekalkschuppen auf Jasmund bis zu mehrere Kilometer Länge erreichen, wurden in den Tonschuppen von Friedland bisher maximale Längen von rd. 400 m ermittelt. Fast bzw. überwiegend eben sind die seitlichen Begrenzungsflächen bei den Kreidekalkschuppen ausgebildet (Abb. 2), während die entsprechenden Flächen bei den Tonschuppen wesentlich stärkere Verbiegungen, verbunden mit stärkeren Ausdünnungen und Verzerrungen des Tonkörpers, aufweisen. Auch in der flächenhaften Verteilung treten Unterschiede auf, die darin bestehen, daß die Kreidekalkschuppen vorwiegend in enger Scharung, die Friedländer Tonschuppen weiter auseinander liegen.

In beiden Fällen schließen die glazigen gestörten Schichten mit einem sie diskordant überlagernden Geschiebemergel ab, der eine sehr unterschiedliche Mächtigkeit aufweist, so daß die nutzbaren Gesteine oft an der Oberfläche austreten. Dieser Geschiebemergel bildet den Hauptteil der Abraumdecke, zu der an den Flanken, insbesondere der E-Flanke der Körper, die mitgestörten älteren pleistozänen Schichten hinzukommen.

Erkundungs- und Abbaumethodik

Vom Bau der Lagerstätte ist die Erkundungsmethodik abhängig. Dies trifft auf die vorliegende Lagerstättenform ganz besonders zu. Auf Grund des im vorangegangenen kurz skizzierten geologischen Baus scheidet die bei Steine- und -Erden-Objekten übliche Methode der

[1]) Eingang des Manuskripts in der Redaktion: 12. 3. 1963

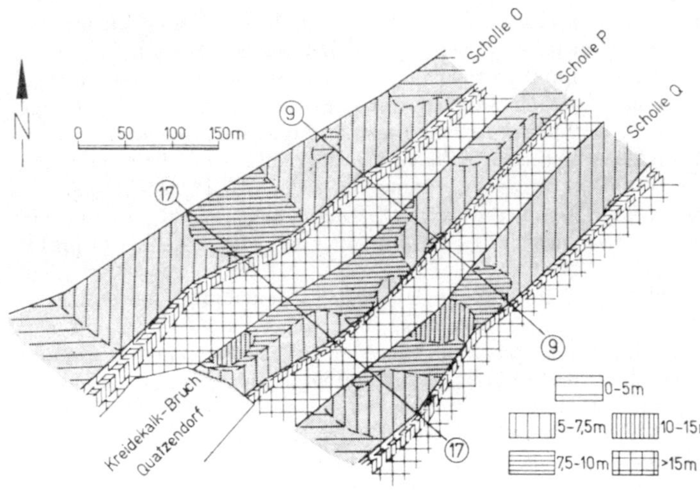

Abb. 1. Lage der Kreidekalkschuppen im Erkundungsfeld Mönkendorf auf Jasmund/Rügen und der Isopachen der Mächtigkeit der Pleistozän-(Abraum-)Decke

Ausgezogene Linie — Begrenzungslinie der Dachfläche

Erkundung nach einem Gitternetz aus. An ihre Stelle tritt die Methode des Abbohrens auf parallelen Profillinien senkrecht zum Generalstreichen der Lagerstätte. Hauptaugenmerk ist dabei besonders auf die Ermittlung von Lage und Verlauf der seitlichen Begrenzungsflächen zu richten, da diese die natürlichen Abbaugrenzen und Lagerstättengrenzen des jeweiligen Lagerstättenkörpers darstellen. Dies bedeutet, daß sich die Bohrungen an den Flanken wesentlich enger scharen als in der Mitte der Körper, wo einzelne Bohrungen nur die Homogenität des Materials zu bestätigen haben. Die Teufe der Bohrungen wird weiterhin durch die maximale Abbauteufe bedingt. Bei der vorliegenden Lagerstättenform, bei der sich der Rohstoff in größere, nicht mehr abbaumögliche Teufe fortsetzt, genügt es, wenn nur einzelne Bohrungen zur Kontrolle und zur Klärung des geologischen Baus in größere Teufen niedergebracht werden.

Der Abbau erfolgt nach dem üblichen Prinzip des Tagebaus. Hierbei ergeben sich, da der Abbau nur in zwei Richtungen vorgetrieben werden kann — in Richtung des Streichens und in die Teufe —, schmale und tiefe grabenförmige Brüche. Als Beispiel sind die z. Z. aufgelassenen Kreidebrüche von Mönkendorf auf Jasmund anzuführen.

Wie tief der Abbau geführt werden kann, hängt von verschiedenen Faktoren ab. Als wichtigste sind in diesem Fall die Standfestigkeit des Gebirges und die angefahrene Breite des Grubenaufschlusses anzuführen.

Die Standfestigkeit des Gebirges ist abhängig von der Zusammensetzung und Ausbildung des Gebirges, den geologischen Lagerungsverhältnissen, den hydrogeologischen Bedingungen, der Wasseraufnahmefähigkeit u. s. f. und findet ihren sichtbaren Ausdruck in den Böschungsneigungen. Je tiefer ein Abbau vorgetrieben wird, desto stärker müssen diese Faktoren bei der Festlegung der Böschungsneigung berücksichtigt werden.

Für die Böschungsneigungen bei „nicht standfestem Material", zu denen sämtliche Lagerstätten Norddeutschlands zählen, schreibt die im Gesetzblatt der DDR verankerte Arbeitsschutzanordnung (ASAO) 151 für Steinbrüche, Gruben und Gräbereien über Tage vor, daß bei Abbauwänden von mehr als 1,5 m Höhe die Böschungen in keinem Falle steiler als 60° sein dürfen (§ 24). Bei Lockermaterial mit größerer Standfestigkeit, zu denen fester Ton und Kaolin gezählt werden, dürfen bei ungestörter Lagerung Böschungen bis zu 70° angelegt werden, wenn eine entsprechende Abbautechnologie berücksichtigt wird (§ 25). Diese Winkel sind als maximale Angaben zu betrachten, in der Praxis wird auf Grund der Vielzahl der zu beachtenden Faktoren die Neigung der Grubenstöße zumeist flacher ausfallen[2]).

Die Grubenaufschlußbreite wird im wesentlichen durch die Ausstrichbreite der Schuppen bedingt. Als weitere Bedingung ist die ökonomisch noch zulässige maximale Abraummächtigkeit zu berücksichtigen. Bei diesem Schuppenbau ist infolge des spitzen Auskeilens der Körper an den W-Flanken eine Grubenverbreiterung nur an den E-Flanken möglich. Hier nimmt jedoch die Mächtigkeit des Abraums in Abhängigkeit vom Einfallwinkel der Hangendfläche in einer mehr oder weniger steilen linearen Kurve zu. Dies bedeutet, daß sehr rasch der ökonomisch zulässige Maximalwert erreicht wird.

In den als Beispiel aufgeführten Kreidekalkbrüchen von Mönkendorf ist der Abraum an der E-Flanke etwa bis auf 15 m u. Fl. abgeräumt worden. Dadurch konnte jedoch nur ein Teil des wertvollen Rohstoffs Kreidekalk abgebaut werden. Große Mengen sind als Abbauverluste verlorengegangen, wie es die in den Schichten-

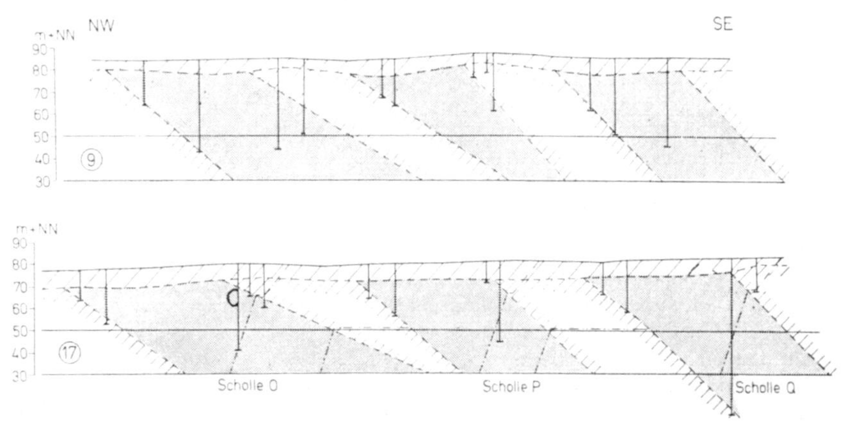

Abb. 2. Schichtenschnitte durch die Kreidekalkschuppen im Erkundungsfeld Mönkendorf

Weite Schraffur — oberes Pleistozän; enge Schraffur — unteres Pleistozän; grau — Kreidekalk; —·—· Abbauvariante I; —··—·· Abbauvariante II. Höhe zu Länge im Verhältnis 1:1

[2]) Hierzu ist eine „Richtlinie zur Verhütung von Rutschungen in Braunkohletagebauen" zu beachten, die von der Obersten Bergbehörde mit Datum vom 20. 9. 1962 herausgegeben wurde. Diese Richtlinie ist seit 1. 11. 1962 in Kraft.

schnitten der Abb. 2 analog zu den Verhältnissen in den Mönkendorfer Brüchen als Abbauvariante I eingezeichneten Abbaugrenzen erkennen lassen (als mittlere Böschungsneigung wurden im Abraum 55°, im Kreidekalk 65° zugrunde gelegt).

In dem Beispiel Mönkendorf bietet sich jedoch auf Grund der engen Scharung der Schuppen noch eine weitere Abbauvariante an, die im Gegensatz zu Variante I auch den Einsatz moderner Großförderanlagen gestattet. Diese Abbauvariante II faßt mehrere Schuppen zu einem Bruch zusammen. Hierbei wird auch das zwischenlagernde Pleistozän bis zu einer sich aus ökonomischen Gründen ergebenden Sohle abgebaut, von der dann mit dem selektiven Abbau der einzelnen Kreidekalkkörper fortzufahren wäre. In beiden Varianten ist die gleiche tiefste Abbausohle von + 30 m NN zugrunde gelegt worden. Die folgenden Zahlen veranschaulichen den Zuwachs an Kreidekalk und die Zunahme der Abraummenge und der sich daraus ergebenden Veränderung des Abraumverhältnisses ($A m^3 : N m^3$):

	Abbauvariante I			Abbauvariante II		
	Kreidekalk (in Tausend m³)	Abraum (in Tausend m³)	Abraumverhältnis	Kreidekalk (in Tausend m³)	Abraum (in Tausend m³)	Abraumverhältnis
Scholle O	1100	400	1:2,8			
,, P	510	275	1:1,9			
,, Q	810	310	1:2,6			
	2420	985	1:2,5	3160	2045	1:1,5

Konditionen und Bilanzierung

Das Ziel geologischer Erkundungsarbeiten ist der Nachweis von Lagerstätten. Die nachgewiesenen Vorräte werden eingeteilt in Bilanz- und Außerbilanzvorräte. In der Steine-und-Erden-Erkundung liegt das Schwergewicht auf dem Nachweis der Bilanzvorräte. Ihre Einstufung in diese Gruppe erfolgt, wenn die vorgegebenen „volkswirtschaftlichen Anforderungen (Konditionen)“ erfüllt worden sind (Klassifikation vom 31. 1. 1962, § 3).

Bei den Konditionen ist zwischen Abbau- und Rohstoffkonditionen zu unterscheiden. In den beiden vorliegenden Lagerstätten spielen letztere infolge des sehr homogenen Rohmaterials keine problematische Rolle. Probleme tauchen dagegen in der Festsetzung der Abbaukonditionen auf.

Für den Tagebau sind im wesentlichen drei Bedingungen zu berücksichtigen:

Mindestmächtigkeit des nutzbaren Rohstoffs,
maximale Abraumdecke und
maximales Verhältnis Abraum zu Nutzbarem.

Bei den auf dem Sektor Steine und Erden üblichen flächenhaften Lagerstätten erfolgt die Ausblockung der Lagerstättenteile zumeist nach Einzelaufschlüssen (Bohrungen). Dies heißt, daß die Abbaukondition unmittelbar auf den Einzelaufschluß bezogen wird.

Die Anwendung dieser Kondition auf die vorliegende Lagerstätte stößt jedoch auf Schwierigkeiten. Es betrifft zuerst die Bedingung einer Mindestmächtigkeit des nutzbaren Rohstoffs. Da für den möglichst tiefen Abbau dieser Lagerstätten die Anlage eines möglichst breiten Grubenaufschlusses Voraussetzung ist, muß die Grube an der W-Seite bis an die äußerste Grenze des Lagers ausgebaut werden. Dies bedeutet, daß, obgleich die Mächtigkeit des Lagers in diesem Bereich bis auf 0 m zurückgeht, diese Randpartien in den bauwürdigen Lagerstättenblock einzubeziehen sind. Das heißt also, daß die Forderung nach der Mindestmächtigkeit des Nutzbaren hier als Bedingung entfällt. Damit wird auch die Festlegung eines Abraumverhältnisses problematisch.

Um zu der den geologischen und abbautechnischen Bedingungen Rechnung tragenden Abbaukondition zu gelangen, kann bei seiner Erarbeitung nur von den optimal zulässigen Abbaugrenzen ausgegangen werden. Die Abbaugrenzen ergeben sich aus der maximalen Mächtigkeit der Abraumdecke (erste Bedingung), aus der maximalen Grubentiefe (zweite Bedingung) und aus der Böschungsneigung. Die maximale Teufe (auf NN oder unter Flur bezogen) tritt somit als zweite Bedingung an die Stelle der Mindestmächtigkeit des Nutzbaren.

Eine ökonomische Beurteilung der Nutzbarkeit der Lagerstätte oder der einzelnen Lagerstättenkörper kann jedoch nicht ohne Beachtung des Abraumverhältnisses erfolgen. Um hier zu einem realen Wert zu gelangen, ist, wie bereits angeführt, die Berücksichtigung der Böschungsneigungen erforderlich.

Obwohl die Böschungsneigung von einer Vielzahl von Faktoren abhängig ist, kann ein konstanter Wert den Berechnungen zugrunde gelegt werden. Dieser ist die maximal zulässige Böschungsneigung, die sich aus der bereits angeführten Arbeitsschutzanordnung 151 ergibt. Innerhalb der durch diese Werte festgelegten Grenzen werden die Massen an Abraum und Nutzbarem berechnet und ins Verhältnis gesetzt. Es erhebt sich die Frage, ob die Böschungsneigung in die Abbaukonditionen aufgenommen werden darf bzw. sogar muß. Diese Frage soll am Beispiel der Vorratsberechnung von Friedländer Tonschollen besprochen werden.

In den Schichtenschnitten der Abb. 4 stellt die dunkel schraffierte Fläche den nur nach der Kondition maximale Abraummächtigkeit und maximale Abbauteufe ausgegrenzten Lagerstättenblock dar. Durch eine

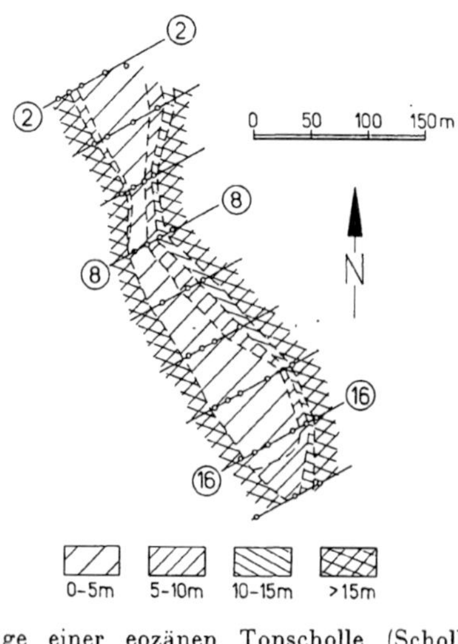

Abb. 3. Lage einer eozänen Tonscholle (Scholle II) bei Friedland/Meckl. und Isopachen der Mächtigkeit der Pleistozän-(Abraum)-Decke, mit Lage der Bohrpunkte

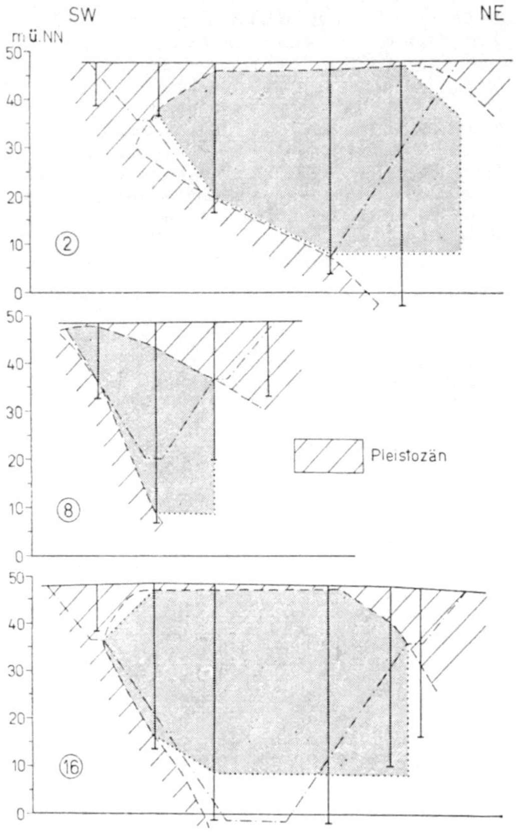

Abb. 4. Schichtenschnitte durch eine eozäne Tonscholle (Scholle II) bei Friedland/Meckl.

Erläuterungen im Text. Höhe zu Länge im Verhältnis 1:1

Punkt—Strich-Linie sind zugleich die maximalen Abbaugrenzen eingezeichnet worden.

Aus der Darstellung ergibt sich, daß nach der obigen Kondition Vorräte ausgeblockt worden sind, von denen besonders an der E-Flanke ein großer Teil nicht gewinnbar ist. Nach § 3 der Klassifikation sind jedoch Bilanzvorräte als Lagerstättenvorräte definiert, die „sich zum gegenwärtigen Zeitpunkt für eine Nutzung eignen". Auf die vorliegende Lagerstätte bezogen bedeutet es, daß die außerhalb der maximalen Abbaugrenzen liegenden Vorräte nicht als Bilanzvorräte eingestuft werden dürfen. Der Einwand, daß diese Vorräte nach § 6 der Klassifikation als Abbauverluste zu werten sind, ist nicht stichhaltig, da sie nur nach einer Änderung der Abbaukondition (z. B. Abraumdecke) genutzt werden können, Abbauverluste jedoch unter den vorgegebenen Konditionen eine mögliche Nutzung einschließen.

Wie groß die Unterschiede ausfallen können, geht aus dem Ergebnis der Berechnung von drei Tonschollen hervor. Als Bedingungen liegen den Berechnungen folgende Werte zugrunde:

Berechnung I: maximale Abraumdecke 12 m
„ Teufe 40 m

Berechnung II: maximale Abraumdecke 12 m
„ Teufe 40—50 m
Böschungsneigung im Abraum 60°
„ „ Nutzbaren 55°[3])

	Berechnung I		Berechnung II	
	Vorräte Tm³	A:N	Vorräte Tm³	A:N
Scholle I	200 (–)[4])	1:2,6	115	1:1,9
Scholle II	500 (25)	1:7	480	1:3,5
Siedlungsscholle	540 (100)	1:6	550	1:3,9

[3]) Ein die abzusetzenden Trassen berücksichtigender Mittelwert.

[4]) In Klammern sind die Vorräte aufgeführt, die im inneren Lagerstättenumriß unterhalb der 40-m-Teufe bis zur Bohrendteufe von 50 m ausgewiesen wurden.

Die ausgegrenzten Flächen weisen bis zum äußeren Lagerstättenumriß folgende Ausmaße auf:

Scholle I	Länge rd. 140 m	Breite rd. 25— 80 m
Scholle II	„ „ 400 m	„ „ 25— 70 m
Siedlungsscholle	„ „ 270 m	„ „ 25—100 m

Die Übersicht zeigt, daß die Differenz in den Vorratsmengen bis zu fast 50% betragen kann (Scholle I), im allgemeinen jedoch über 10% hinausgeht. Noch auffallender sind die Unterschiede im Abraumverhältnis. So ergibt sich aus der Berechnung I in Scholle II ein Verhältnis von 1:7 (im inneren Lagerstättenumriß), aus der Berechnung II jedoch ein Verhältnis von 1:3,5. Wenn noch berücksichtigt wird, daß das zweite Ergebnis schon einen optimalen Wert darstellt, der noch nicht die zu erwartenden Abbauverluste enthält, kann somit auf Grund der zu großen und nicht abschätzbaren Unterschiede mit dem Ergebnis der ersten Berechnung nur bedingt eine reale Einschätzung der industriellen und ökonomischen Nutzbarkeit der Lagerstätte erreicht werden. Und je kleiner und schmaler die Körper werden, desto schwieriger wird diese Einschätzung.

Als Fazit dieser Gegenüberstellung ergibt sich nach Ansicht des Verf., daß bei schmalen und dabei tiefen Lagerstätten, wie dies bei pleistozänen Schollenlagerstätten häufig der Fall ist, die Böschungsneigung bei der Ausgrenzung der Vorräte und ihrer Einstufung berücksichtigt werden muß, und zwar aus folgenden Gründen:

1. zur Abgrenzung der Bilanzvorräte und
2. zur Ermittlung des Abraumverhältnisses.

Dieses Abraumverhältnis bezieht sich auf den gesamten Lagerstättenkörper und nicht, wie sonst allgemein üblich, auf einen Einzelaufschluß.

Als Böschungsneigungen wären entsprechend der Standfestigkeit des Gebirges die sich aus der ASAO 151 ergebenden gesetzlich höchstzulässigen Böschungsneigungen einzusetzen.

Die Vorratsberechnung selbst erfolgt auf Grund der Erkundungsmethodik (Profillinien) und auf Grund der nur mit Hilfe von Schichtenschnitten möglichen Ausgrenzung des bauwürdigen Lagerstättenblocks nach der Berechnungsmethode der Schnitte.

Zusammenfassung

Glazigene Schollenlagerstätten weisen häufig einen schuppenartigen Bau auf. Dadurch ergeben sich besondere abbautechnische Bedingungen, die sich auch auf die Vorratsberechnung auswirken. Am Beispiel der Schollenlagerstätten von Jasmund/Rügen (Kreidekalk) und bei Friedland (Eozänton) werden die Probleme erläutert, die sich bei der Erarbeitung der Abbaukondition für diese Lagerstätten ergeben haben. Für die Bilanzierung der Vorräte und die Ermittlung des Abraumverhältnisses spielt die Böschungsneigung eine bedeutende Rolle. Daraus ergibt sich, daß bei

Lagerstätten, die aus schmalen und sich in größere Teufen fortsetzenden Körpern bestehen, die Böschungsneigungen in der Abbaukondition zu berücksichtigen sind. Richtwerte für die maximal zulässige Böschungsneigung ergeben sich aus der im Gesetzblatt der DDR verankerten Arbeitsschutzanordnung 151.

Резюме

Гляциальные месторождения глыбового характера часто имеют чешуйчатое строение. Вследствие этого возникают особенные технические условия добычи, влияющие и на подсчет запасов. На примере месторождений глыбового характера Ясмунд / Рюген (меловой известняк) и около Фридланд (эоценовая глина) разъясняются проблемы, возникшие при разработке кондиций для эксплуатации этих месторождений. Угол откоса играет большую роль при учете запасов и при установлении соотношений вскрыши к пласту. Из этого следует, что для месторождений, состоящих из узких и продолжающихся на большие глубины тел, следует в кондициях для эксплуатации учитывать угол откоса. Ориентировочные значения максимально допустимых углов откоса можно найти в распоряжении № 151 об охране труда, напечатанном в законодательном листе ГДР.

Summary

Glacigenic block deposits often show a foliated structure and, therefore, produce special mining conditions affecting the reserve calculation too. Problems resulting from the elaboration of such conditions are illustrated by the examples of the deposits of Jasmund on the isle of Rugia (chalky limestone) and near Friedland (Eocene clay). An important effect in the balancing of reserves and determination of the overburden ratio is taken by the inclination of slope. This proves that inclinations of slopes must be considered in the mining conditions of deposits consisting of narrow bodies continuing in major depths. Approximate values for the admissible maximum inclination of slope are contained in the Regulation 151 for the Protection of Labour published in the Official Gazette.

Literatur

BAUSS, R.: Bericht zu den Ergebnissen der Erkundungsbohrungen auf Spezialton bei Friedland im Jahre 1961. – Unveröff. Ber. im Archiv des VEB Geol. Erk. N., Schwerin 1962.
GROTH, K.: Bericht zu den Ergebnissen der Bohrungen auf Kreidekalk im Kreidekalkvorkommen Jasmund/Rügen, Feld Mönkendorf, in den Jahren 1958 und 1959/60. – Unveröff. Ber. im Archiv des VEB Geol. Erk. N., Schwerin 1962.
STAMMBERGER, F.: Eine wichtige geologische Arbeitstagung im Rahmen des Rates für gegenseitige Wirtschaftshilfe. – Z. angew. Geol., 8, 12, 662 bis 664, Berlin 1962.
– Einführung in die Berechnung von Lagerstättenvorräten fester mineralischer Rohstoffe. – Akademie-Verl., Berlin 1956.
Klassifikation der Lagerstättenvorräte fester mineralischer Rohstoffe der Deutschen Demokratischen Republik. 2. Vorratsklassifikation fester mineralischer Rohstoffe vom 31. 1. 1962. – Z. angew. Geol., 8, 9, 494 bis 496, Berlin 1962.
Instruktion zur Anwendung der „Klassifikation der Lagerstättenvorräte fester mineralischer Rohstoffe" (vom 31. 1. 1962) auf Lagerstätten toniger Gesteine in der DDR. 1. Toninstruktion der ZVK vom 25. 7. 1962. – Z. angew. Geol., 8, 11, 598–603, Berlin 1962.
Arbeitsschutzanordnung 151. – Gesetzbl. der DDR 1952, S. 1259.

Die Rolle des lithologischen Faktors in der Erdölgeologie[1)]

O. A. TSCHERNIKOW, Moskau, & F. THEILIG, Gommern

Bei der Lösung des Problems der Bildung von Kohlenwasserstoffvorkommen gewinnt der lithologische Faktor immer größere Bedeutung. Auf der Grundlage des Studiums zahlreicher Erdöl- und Erdgaslagerstätten in der Welt und auf Grund von Beobachtungen und Experimenten ist es gegenwärtig möglich, die wesentlichen Bedingungen, die zur Bildung von Öl- und Gasansammlungen größeren Ausmaßes führten, zu umreißen. Es sind folgende:

1. das Vorhandensein günstiger tektonischer Strukturen,
2. das Vorhandensein von Speichergesteinen,
3. das Vorhandensein isolierender Deckschichten,
4. Migrationsvorgänge.

Es ist schwer, irgendeinem dieser Faktoren beim Bildungsprozeß von Lagerstätten den Vorzug zu geben. Keine auch noch so günstig angelegte tektonische Struktur, aus welchen Schichten sie sich auch zusammensetzt, kann jedoch eine wirtschaftliche Ölansammlung aufweisen, wenn keine porösen und klüftigen Gesteinsarten vorhanden sind.

Die verschiedenen Kohlenwasserstoffverbindungen sind nicht von der Existenz und der Entwicklung der sie enthaltenden Schichten zu trennen. Nach der Ablagerung der mit organischen Stoffen angereicherten Sedimente beginnt unter günstigen Bedingungen ein langwieriger und komplizierter Umbildungsprozeß des organischen Materials in Kohlenwasserstoff, ein Prozeß, der in allen Einzelheiten noch nicht endgültig geklärt ist. Parallel damit und im Zusammenhang mit der Umbildung des lockeren Sediments in Gestein, wobei sich seine physikalisch-chemischen Eigenschaften allmählich verändern, vollzieht sich auch eine Umwandlung des organischen Stoffes. Es ist bekannt, daß bei den komplizierten und vielseitigen Bildungsprozessen der Kohlenwasserstoffe die Tone eine wesentliche Rolle spielen, die als Katalysatoren wirken.

Die neuen Kohlenwasserstoffverbindungen treten ihrerseits in Wechselbeziehung mit dem sie umgebenden Medium. Die Sedimentumwandlung in Festgestein verändert dessen physikalische und chemische Eigenschaften, folglich auch den Charakter der Wechselbeziehungen mit dem im lithofizierten Sediment befindlichen, beweglichen Stoff. Bei der Absenkung des Sediments vollzieht sich eine größere Verdichtung. Mit ihr beginnt eine Verlagerung, eine Migration der in ihm enthaltenen beweglichen Stoffe in weniger verdichtete Zonen. Die Migration wird von einer weiteren Umwandlung der Kohlenwasserstoffe begleitet, da sie in neue Medien und Verhältnisse gelangen.

Wenn die Entstehung von Erdölkohlenwasserstoffen an karbonatische Gesteine gebunden ist, kann im großen und ganzen die Schicht als natürliches Reservoir dienen, in der sich das Erdöl und Erdgas bildeten. Dies hängt mit den Eigenschaften des karbonatischen Schlamms zusammen. Bei der Lithofikation bilden sich Zonen mit erhöhter Porosität, bedingt durch die primäre Struktur des Sediments (Vorhandensein von Ooidkörpern, organischen Resten, Faunenskeletten und Algenresten), wodurch eine Verdichtung verringert und Zonen mit größeren Porositäten gebildet werden, in die die beweglichen Stoffe abwandern. So häufen sich die ursprünglich im Gestein verstreuten Bitumina in den porösen und

[1)] Eingang des Manuskripts in der Redaktion: 30. 3. 62
Als Vortrag gehalten im Wissenschaftlich-Technischen Kabinett der Staatl. Geol. Komm. am 16. 3. 1962

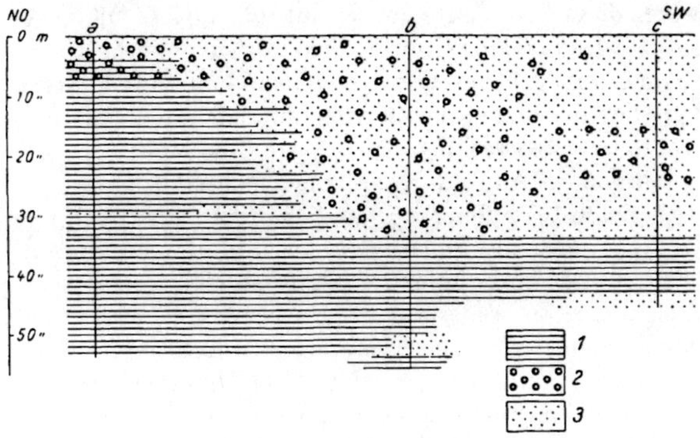

Abb. 1. Schematisches Profil durch den Hauptdolomit einer Erdgasstruktur in der DDR
(Die Verteilung des porösen und oolithischen Dolomits)

1 – dichter Dolomit, 2 – oolithischer Dolomit, 3 – poröser Dolomit

permeablen Zonen an, die von weniger porösen und weniger permeablen umgeben sind, die gelegentlich praktisch undurchlässig werden können.

Als Beispiel für solch einen Fall dienen die Schichten des Hauptdolomits einer Lagerstätte in der DDR. Trotz der günstigen strukturellen Form und trotz des Vorhandenseins von Deckschichten ist die Lagerstätte an die Südflanke, an die porösen, vorzugsweise oolithischen Zonen gebunden, die nach Norden zum Top der Struktur auskeilen und von dichten Gesteinen abgelöst werden. Auf der Nordflanke fehlen die Ooidschichten. Der Charakter des Auskeilens der porösen (ooiden) Schichten ist auf dem angeführten Profil (Abb. 1) und der Porositätskarte (Abb. 2) des Hauptdolomits dieser Struktur deutlich sichtbar.[2])

Die Ansammlung und Verlagerung des Erdöls und Erdgases in kalkig-dolomitischen Schichten erfolgt auch nach dem System der Klüfte und Hohlräume (Kavernen, Poren), die sich im Ergebnis sekundärer Prozesse, mit der Auflösung und der Umkristallisation des Gesteins sowie bei tektonischen Prozessen, bilden.

Neben der Tatsache, daß durch die Lithologie die Lagerstättenbildung mitbestimmt wird, ist der lithologische Faktor ebenfalls eine wichtige Voraussetzung für die Erhaltung der Lagerstätten. Trotz des Vorhandenseins aller anderen günstigen Faktoren, wie tektonische Struktur, Speichergesteine usw., kann eine Akkumulation und eine Lagerung bedeutender Kohlenwasserstoffmengen bei Fehlen einer isolierenden Bedeckung der Lagerstätte unmöglich sein. Ein markantes Beispiel für solch einen Fall bildet das Gebiet von Südbrandenburg. Hier führte das Fehlen oder besser gesagt die Auswaschung der mächtigen Salzschichten, welche als Bedeckung dienten, zur Zerstörung der Lagerstätte. In einigen Teilen der Südflanke liegt der Hauptdolomit unmittelbar unter dem Tertiär. Anscheinend fällt der Prozeß der Zerstörung der Lagerstätte in die Zeit vor dem Tertiär oder vielleicht in das Tertiär selbst. Im Hauptdolomit dieser Struktur haben wir nur Einschlüsse und Spuren eines dichten, womöglich oxydierten Bitumens gefunden, das keine Migrationsfähigkeit besitzt.

Eine Lösung des Problems der Erdöl- und Erdgaslagerstättenbildung sowie die Klärung der Ansammlungsprozesse von Kohlenwasserstoffen können nur erreicht werden, wenn man den allgemeinen Charakter, die konkreten allseitigen Untersuchungsergebnisse von Gesteinen und der in ihnen eingeschlossenen Kohlenwasserstoffe mit in die Untersuchung einbezieht. Berücksichtigt man die Ausbildung erdöl- und erdgasführender Schichten, so kann man schon den Charakter der Kohlenwasserstoffmigration beurteilen.

Die Kenntnis der mineralogischen Zusammensetzung der die Lagerstätten bildenden Gesteine hilft gewisse physikalisch-chemische Kontakterscheinungen zu klären, die in einer erdölführenden Schicht auftreten. Schließlich helfen Faziesuntersuchungen von Speichergesteinen, die möglichen Grenzen von Kohlenwasserstofflagerstätten zu bestimmen. Somit schließen die lithologischen Untersuchungen von erdöl- und erdgasführenden Gesteinen die Bestimmung der mineralogischen Gesteinszusammensetzung, die Bestimmung der Form und Häufigkeit der Porenräume, die Berechnung von Menge und Art der im Gestein eingeschlossenen bituminösen Stoffe sowie die Ermittlung von Gesetzmäßigkeiten bei der Bildung sekundärer, authigener mineralogischer Komponenten mit ein.

Erdöl und Erdgas sind als Kohlenwasserstoffe auch mineralogische Untersuchungsobjekte. Die Frage ihrer Herkunft und Konzentration darf nicht nur chemisch gelöst werden, sondern auch durch Untersuchung der stofflichen mineralogischen Zusammensetzung der sie enthaltenden Ablagerungen. Ferner müssen der Charakter und die Art der Kohlenwasserstofflagerung in der Schicht in die Beobachtungen einbezogen werden. Die Untersuchung der mineralogischen Zusammensetzung des kohlenwasserstofführenden Sedimentkomplexes ermöglicht es, die Herkunft dieser Gesteine zu bestimmen, die paläogeographischen Verhältnisse zur Zeit ihrer Bildung zu rekonstruieren, Abtragungsgebiete und Transportrichtungen des klastischen Materials zu ermitteln, die für die Bildung von Speichergesteinen günstigen Fazies zu bestimmen und auf dieser Grundlage die Grenzen der vermutlichen Ausdehnung von Kohlenwasserstofflagerstätten festzustellen. Das klassische Beispiel einer mineralogischen Analyse erdölführender Ablagerungen ist die Arbeit des sowjetischen Wissenschaftlers W. P. BATURIN über die Genesis der produktiven Schichtenfolge der Apscheron-Halb-

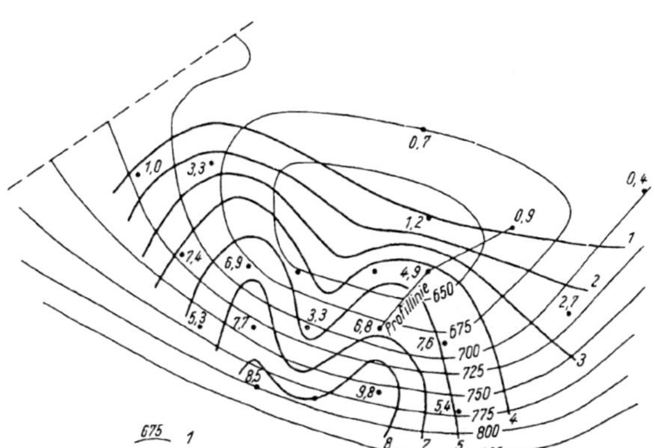

Abb. 2. Die Nutzporosität des Hauptdolomits einer Erdgasstruktur der DDR

1 – Isohypsen, bezogen auf NN, 2 – Linien gleicher Nutzporosität

---

[2]) Erarbeitet vom Autorenkollektiv des Petrographischen Labors im VEB Erdöl- und Erdgaskombinat Gommern unter der Leitung des Dipl.-Min. F. THEILIG

insel und der anliegenden Gebiete. Lithologisch ist dieser Komplex als mächtige Serie von sandig-tonigen Sedimenten ausgebildet, die frei von organischen Resten sind. BATURIN stellte auf Grund von vielen Detailbeobachtungen unter Berücksichtigung der allgemeingeologischen Daten paläogeographische Karten der produktiven Schichten zusammen. Dadurch war es möglich, über die jeweiligen Beckenumrisse, d. h. über die mögliche Ausdehnung der einzelnen Kohlenwasserstofflagerstätten, Aussagen zu machen.

Das lithologisch-mineralogische Studium des Hauptdolomits im Gebiet Südbrandenburg ermöglicht es, einige Faziestypen dieser Gesteine auszuscheiden und das paläogeographische Bild der damaligen Zeit zu rekonstruieren. Man kann unter den Karbonatgesteinen des Hauptdolomits die folgenden drei Hauptfaziestypen ausscheiden:

1. Uferfazies — klastische Karbonatgesteine und karbonatisch-glaukonitische Gesteine;
2. küstennahe Flachwasserfazies — Ooidablagerungen, kompakte Karbonatgesteine mit Muschel- und Algenresten, mit erhöhter Mächtigkeit — 30 bis 60 m, selten 100 m;
3. Fazies des offenen Beckens — dünnplattige, dünnschichtige Karbonatgesteine mit geringer Mächtigkeit — 10 bis 12 m, ohne Reste von Faunen und Ooiden.

Anhand der Verbreitung der genannten Faziestypen kann man das paläogeographische Bild der Hauptdolomitzeit rekonstruieren, die Uferlinien des Beckens bestimmen und in demselben wiederum die ufernahe Flachwasserzone ausscheiden, deren Breite 40—60 km beträgt. Die porösen Gesteine des Hauptdolomits, nämlich die Ooidbildung, die mit Resten von Muscheln und Algen angereichert sind, konnten zur ufernahen Flachwasserzone gestellt werden; damit war die perspektivische Zone für Such- und Erkundungsarbeiten von Erdöl- und Erdgaslagerstätten im Hauptdolomit auf einem Teilgebiet der Norddeutsch—Polnischen Senke abzugrenzen.

Bei mineralogischen Untersuchungen ist es wichtig, auf mögliche mineralogische Neubildungen zu achten, darunter auch auf die Bitumina, auf deren Wechselbeziehung und deren Verteilung. Diese Beobachtungen ermöglichten es uns, die physikalisch-chemischen Verhältnisse des erdölbildenden Mediums zu beurteilen. Sehr viele Minerale von Sedimentgesteinen können als Hinweise auf die Bedingungen der Sedimentbildung und -umbildung dienen: pH-, rH-Wert, Salzgehalt und zum Teil auch die Temperatur. So ist zum Beispiel für Kalzit und Dolomit ein alkalisches Medium kennzeichnend (pH-Wert über 7—7,45). Im Ergebnis der Untersuchungen einzelner Assoziationen authigener Komponenten wurde von TEODOROWITSCH & PUSTOWALOW der Begriff der geochemischen Fazies oder der mineralogisch-geochemischen Fazies eingeführt, der die Verhältnisse der Sedimentablagerung und hauptsächlich der Diagenese durch die pH-Werte und das rH-Profil wiedergibt. TEODOROWITSCH schied die günstigsten geochemischen Fazies aus, in denen sich Erdölbitumina bilden können.

Das Studium der mineralogischen Zusammensetzung des Zechsteins im allgemeinen und des Hauptdolomits im besonderen ermöglichte es, diese Ablagerungen zur schwach alkalischen Fazies versalzter Lagunen zu rechnen, mit einem pH-Wert von 8,0—7,2. Nach dem vertikalen Profil des Oxydations-Reduktions-Potentials gehören diese Sedimente zur Reduktionsfazies. Die Oxydations-Reduktions-Grenze liegt etwas oberhalb der Sedimentoberfläche. Wie wir sehen, kann man diesen Typ der geochemischen Fazies zu den möglich erdölproduzierenden rechnen.

Anhand der Anordnung und der Wechselbeziehung der authigenen Komponenten kann man mitunter die Stelle des Bitumens als mineralogische Bildung im komplizierten und langwierigen Lebensprozeß des Gesteins (Diagenese, Epigenese oder Katagenese) bestimmen. Dabei gelang es festzustellen, daß zwischen der Bildung bestimmter Assoziationen sekundärer Minerale und dem Auffüllen der Porenräume mit Erdöl sehr große Zeitabschnitte liegen, in deren Verlauf die Schichten am tektonischen Leben der Erdrinde teilnahmen.

Die regionale petrographische Untersuchung erdölführender Gesteine zeigt, daß die Ausscheidung authigener mineralischer Neubildungen als Ergebnis der Störung des geochemischen Gleichgewichts der flüssigen Phase des Gesteins und als Ergebnis der veränderten Salzkonzentration während der Migration der Schichtwässer sowie als Ergebnis von Kontakt- und Austauschreaktionen zwischen der festen und der flüssigen Phase der Gesteine anzusprechen ist. Die Hauptkräfte, die das physikalisch-chemische Gleichgewicht der Gesteinsphase stören, sind gewöhnlich tektonischer Art. In ihrem Ergebnis ändert sich die Strömungsrichtung der flüssigen Phase, und es entstehen neue Kristallisationszentren.

Die Untersuchung des gegenseitigen Verhaltens sekundärer Bildungen im Hauptdolomit ermöglicht es uns, die Zeit der Entstehung von Kohlenwasserstoffansammlungen zwischen den zwei Phasen des mineralogischen Neubildungsprozesses zu bestimmen, die das Ergebnis von solchen Störungen des Phasengleichgewichts der Gesteine unter Einwirkung tektonischer Spannungen ist. Im Hauptdolomit haben wir Klüfte, die mit Karbonat- und mit Sulfatmaterial angefüllt sind, das frei ist von bituminösen Einschaltungen (Abb. 3). Diese Klüfte werden häufig von Klüften geschnitten, die mit Steinsalz, Fluorit und Kalzit sekundärer Bildung angefüllt sind, wobei man in den Kristallen des Steinsalzes und des Fluorits Bitumeneinschlüsse beobachtet (Abb. 4). Bitumen wird auch zwischen dem Kalzitmaterial der Klüfte angetroffen. Diese Beobachtungen ermöglichen es, Schlußfolgerungen über die Zeit zu ziehen, in der sich zwischen den beiden Phasen mineralogische Neubildungen vollzogen haben.

Die sekundären Bildungen von Quarz in den erdölführenden Sandsteinen des Lias und des Doggers in den Lagerstätten des Gifhorner Troges ermöglichten es FÜCHTBAUER, interessante Schlußfolgerungen hinsichtlich der Zeit und der Bildungsbedingungen von Erdöllagerstätten zu ziehen. Es wurde festgestellt, daß der Intensitätsgrad der diagenetischen Prozesse in erdölführenden Sandsteinen um vieles schwächer ist als in wasserführenden Sandsteinen, wobei der Wasser-Öl-Kontakt der Lagerstätte in den Sandsteinen mit der Grenze der Intensitätszonen diagenetischer Prozesse übereinstimmt. Bei der Rekonstruktion der Lagerstätte wurde festgestellt, daß die Struktur früher eine ähnliche Form besaß, jedoch flacher war. Andererseits kann man, wenn in zwei Erdöllagern eines Gebietes in den ölführenden Sandsteinen — in gleicher Teufe und unter gleichen Bedingungen gebildet — ein Intensitätsunterschied der Diagenese zu beobachten ist, wie z. B. im Dogger β von Vorhop 25, wo die Intensität der Diagenese schwächer ist als in der Bohrung Hankensbüttel 1, die Schlußfolgerungen ziehen, daß die Ölakkumulation in der Lagerstätte Vorhop früher erfolgte als in Hankensbüttel.

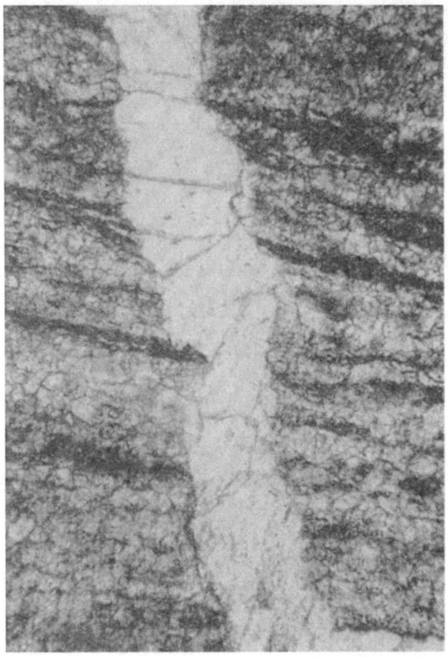

Abb. 3. Kluft im Hauptdolomit, ausgefüllt mit Karbonat- und Sulfatmaterial ohne Bitumen

Die Angaben über den Charakter und die Form der Kohlenwasserstoffansammlungen in einer Schicht bieten die Möglichkeit, über die Richtung und mitunter auch über das Ausmaß des Migrationsprozesses, der zur Lagerstättenbildung führte, Aussagen zu machen.

Die Form der Lagerstätte hängt in vielen Fällen von der Lithologie der Speicher ab. Die Migration von Kohlenwasserstoffen vollzieht sich in Richtung auf Zonen mit erhöhter Porosität und Permeabilität, ausgehend von der sogenannten Erdölsammelfläche. Als Beispiel solcher Lagerstätten, deren Form vorwiegend von der Lithologie einer Schicht bestimmt wird, kann man die eingangs erwähnten Lagerstätten in der DDR anführen.

Eine vollwertige Lösung der theoretischen und praktischen Aufgaben der Erdölgeologie ist gegenwärtig ohne Kenntnis der Lithologie, d. h. ohne Berücksichtigung der lithologischen Faktoren, ebensowenig möglich wie die Lösung einer Reihe konkreter Aufgaben, die mit der Bestimmung und Berechnung effektiver Vorräte an flüssigen und gasförmigen Kohlenwasserstoffen und mit den Fragen eines rationellen Abbaus von Lager und Lagerstätten zusammenhängen. Erdöl und Erdgas füllen, wenn sie in poröse Speicher gelangen, die untereinander in Verbindung stehenden Räume aus, deren Gesamtvolumen das mögliche Fassungsvermögen des Gesteins an Öl darstellt. Jedoch bewegt sich bei der Erschließung eines Lagers nicht das gesamte in den Gesteinen befindliche Erdöl in der Schicht, d. h., nur ein Teil des Erdöls kann gewonnen werden. Die wichtigste Größe des lithologischen Faktors ist gewöhnlich die Porosität. Es können aber im Gestein isolierte Räume oder Poren existieren, die mit einem andersartigen beweglichen Medium angefüllt sind, die aber zusammen mit den untereinander verbundenen Poren die Gesamtporosität des Gesteins ausmachen, welche mit Hilfe von physikalischen Methoden bestimmt werden kann. Die Auswertung der experimentell gefundenen Porositätsergebnisse wurde und wird mitunter noch mit der Vorstellung der Existenz idealer Strukturtypen von Porenräumen durchgeführt. Jedoch besitzen in der Natur die meisten Gesteine, in denen sich Kohlenwasserstoffe anreichern, eine Porenstruktur, die weit von dem Ideal entfernt ist. Die Menge des Erdöls, die sich in der Schicht bewegt, der Charakter und die Geschwindigkeit dieser Bewegung hängen von der Größe und der Struktur der sogenannten effektiven Poren ab, die mit aktivem Öl angefüllt sind, sowie von der mineralogischen Zusammensetzung des Gesteins. Bei Berechnung der Erdölbewegung in einer Schicht gelingt es nicht ganz, den gesamten Komplex von Kontakterscheinungen, die auf die Geschwindigkeit und den Charakter der Strömung einwirken, zu berücksichtigen. Man stützt sich nur auf die experimentellen und praktischen Exploitationsergebnisse von Sonden. Die lithologische Untersuchung von Speichergesteinen unter Einbeziehung der mikroskopischen Methode ermöglicht es, das Wesen der in der erdölführenden Schicht ablaufenden Prozesse zu klären, die Größe und die mitunter sehr komplizierte Struktur der Porenräume, in einer Reihe von Fällen auch die Ursachen dieser Kompliziertheit sowie die mineralogische Zusammensetzung der Gesteine zu bestimmen. Auf der Grundlage mikroskopischer Untersuchungen zahlreicher Speichergesteine von Erdöllagerstätten der Sowjetunion stellten P. P. AWDUSIN & M. A. ZWETKOWA eine Klassifikation von Speichergesteinen vorwiegend terrestrischen Typs auf. Als Grundlage für diese Klassifikation wurden Strukturparameter genommen, wie Größe und Form der Poren. Nach diesen Merkmalen

Abb. 4. Kluft im Hauptdolomit, ausgefüllt mit Steinsalz und Flußspat mit Bitumeneinschlüssen

Tab. 1. Klassifikation der Speichergesteine (nach P. P. AWDUSIN & M. A. ZWETKOWA)

Klassen Typen	A	B	C	D	E	Hydraulische Charakteristik
1	Quarzsand, Tschibjuski-Stufe (D) Uchta, Teufe 375 m $^{+}P_{sch} - 24{,}3$ $P_{eff} - 23{,}19$	Quarzsand, prod. Schicht (Ng), Balachan-Stufe, Kirmakinski-Tal $P_{sch} - 23{,}5$ $P_{eff} - 18{,}5$	Polymiktensand, prod. Schicht (Ng) aus Eruptionen des Vulkans auf der Insel Swinom $P_{sch} - 25{,}3$ $P_{eff} - 12{,}4$	Polymiktensand, prod. Schicht (Ng) aus Eruptionen des Vulkans auf der Insel Bulla $P_{eff} - 6{,}0$	Quarzsandstein, kohleführende Schicht, (C_1^h), Kiesel $P_{eff} - 4{,}0$	$> 0{,}025$
2	Quarzsand, prod. Schicht (Ng) VII. Horizont, Lokbatan Teufe 1380 m $P_{sch} - 25{,}3$ $P_{eff} - 22{,}4$	Quarzsand, kohleführende Schicht (C_1^h), Bulbyr, Teufe 1008 m $P_{sch} - 20{,}0$ $P_{eff} - 17{,}3$	Dolomitisierter, biomorpher, detritischer Kalkstein, Mittleres Karbon, Krasnokamsk Teufe 930,53 $P_{sch} - 14{,}6$ $P_{eff} - 12{,}0$	Feinkörniger Dolomit, Karbon, Krasnokamsk, Teufe 993 m $P_{sch} - 13{,}5$ $P_{eff} - 8{,}6$	Polymiktensand, prod. Schichten (Ng), Baba-Sanan, $P_{sch} - 26{,}3$ $P_{eff} - 4{,}3$	$0{,}025 - 0{,}010$
3	Quarzaleurit, prod. Schicht (Ng), Airan Fekjan $P_{sch} - 24{,}8$ $P_{eff} - 17{,}3$	Quarzaleurit, kohleführende Schicht (C_1^h), Tujinasy Teufe 1106 m $P_{sch} - 20{,}0$ $P_{eff} - 17{,}3$	Feinkörniger Sandstein, Mittleres Karbon Wohgly, $P_{sch} - 19{,}4$ $P_{eff} - 11{,}7$	Quarzsand, prod. Schicht, (Ng), Jarmalski-Tal, Teufe 1740 m $P_{sch} - 13{,}5$ $P_{eff} - 8{,}6$	Toniger Polymiktensand, prod. Schicht (Ng), Zentrum von Kabristan, $P_{sch} - 22{,}4$ $P_{eff} - 3{,}5$	$< 0{,}010$
Effektive Aufnahmefähigkeit des Speichers P_{eff}	> 20	$20 - 15$	$15 - 10$	$10 - 5$	< 5	

$^{+}P_{sch}$ – Porosität der Schicht, P_{eff} – effektive Porosität (Nutzporosität)

wurden alle Speicher in fünf Klassen eingeteilt, für die die folgenden Werte der effektiven Porosität — Fassungsvermögen (Pe) — charakteristisch sind.

Klasse A Pe > 20
B Pe 20–15
C Pe 15–10
D Pe 10– 5
E Pe < 5

Jede Klasse von Speichern wird ihrerseits noch in drei Gruppen nach der Kompliziertheit der Porenräume unterteilt, welche mit Hilfe der sogenannten hydraulischen Charakteristik bestimmt wird.

$$\varphi = \frac{L}{\Sigma_1}$$

Σ_1 = ist der Umfang der Porenkanäle auf einer Schnittfläche von 1 cm^2 Speichergestein

L = Umfang des nach P_{eff} äquivalenten zylindrischen Porenkanals

Interessant sind die Vergleiche einiger Exploitationsergebnisse von Erdölbohrungen mit den Strukturtypen von Speichergesteinen, aus denen sich die Lagerstätte zusammensetzt. Die graphische Darstellung (Abb. 5) zeigt die Fördermenge von Bohrungen auf Erdöllagerstätten, welche an verschiedene Klassen und Typen von Speichern gebunden sind. Bei der Auswahl der Sonden wurden folgende Bedingungen beachtet:

1. Es wurde die Bohrung genommen, die als erste das Erdöllager erbohrte und deren Fördermengen in den ersten zwei Jahren weder durch die benachbarten Bohrungen noch durch Zufluß von Randwasser beeinflußt wurde.

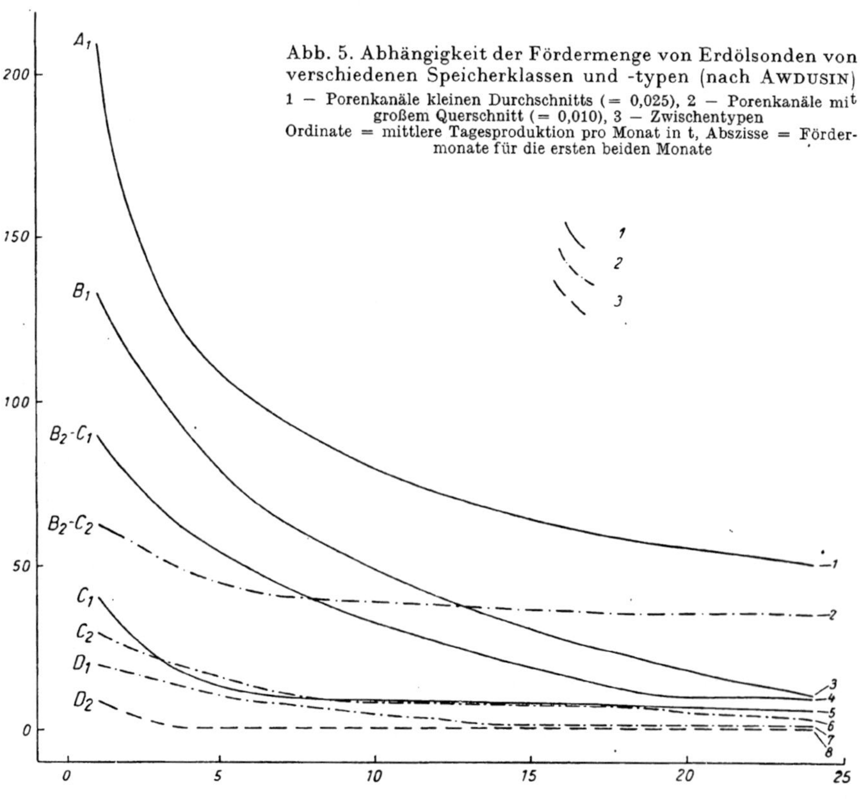

Abb. 5. Abhängigkeit der Fördermenge von Erdölsonden von verschiedenen Speicherklassen und -typen (nach AWDUSIN)
1 – Porenkanäle kleinen Durchschnitts (= 0,025), 2 – Porenkanäle mit großem Querschnitt (= 0,010), 3 – Zwischentypen
Ordinate = mittlere Tagesproduktion pro Monat in t, Abszisse = Fördermonate für die ersten beiden Monate

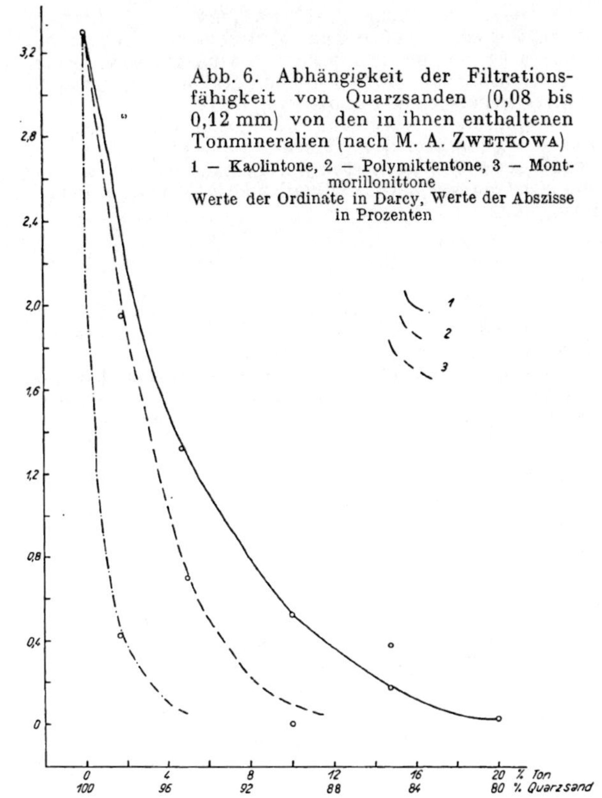

Abb. 6. Abhängigkeit der Filtrationsfähigkeit von Quarzsanden (0,08 bis 0,12 mm) von den in ihnen enthaltenen Tonmineralien (nach M. A. ZWETKOWA)
1 – Kaolintone, 2 – Polymiktentone, 3 – Montmorillonittone
Werte der Ordinate in Darcy, Werte der Abszisse in Prozenten

2. Das Regime des Lagers und die Exploitationsmethode wurden miteinander abgestimmt. Die Ordinaten bezeichnen die mittlere Tagesfördermenge (eines Monats) der Bohrung an Erdöl in t, bezogen auf 1 m Mächtigkeit des Horizontes. Die Abszissen geben die Fördermonate für die ersten beiden Jahre an.

Neben der Struktur und der Größe der Porenräume besitzt auch die mineralogische Zusammensetzung des Gesteins großen Einfluß auf die Filtrationseigenschaften. Im Ergebnis von Untersuchungen zur Bestimmung der Beeinflussung der Filtrationsfähigkeit eines Gesteins für Erdöl durch die mineralogische Zusammensetzung, die in der Sowjetunion durchgeführt wurden, stellten AWDUSIN & BATURIN fest, daß Quarzsande die besten Filtrationseigenschaften besitzen. Quarzkörner haben in der Regel die isometrischste Form und verfügen im Vergleich mit anderen Mineralen über die geringste Adsorptionsfähigkeit gegenüber Erdölen. Das Vorhandensein von Feldspäten und anderen Mineralien machen Sande weniger durchlässig. Besonders mindernd für Permeabilität wirkt sich eine Beimischung von Glimmer und Tonmineralien aus, weil sie die teerigen Komponenten des Erdöls adsorbieren. So zeigen zum Beispiel die Untersuchungsergebnisse von ZWETKOWA, daß sogar bei reinen Quarzsanden (Korngröße 0,25—0,20 mm), die eine Permeabilität von 60 Darcy besitzen, bei einem Gehalt von Montmorillonit bis zu 5% des Volumens, die Permeabilität gegenüber Erdöl um das 30fache absinken kann. Abb. 6 zeigt die Abhängigkeit der Filtrationsfähigkeit von Quarzsanden (0,08—0,12 mm) von den in ihnen enthaltenen Tonmineralien.

Mit der lithologischen Untersuchung von Karbonatspeichern befaßte sich in der UdSSR lange Zeit TEODORO-

Tab. 2. Einfluß der Struktur des Porenraumes auf die Größe A

Strukturtyp des Porenraumes	Charakteristische Untertypen (im Dünnschliff)	Empirischer Koeffizient A
I. Typ	Mit dünnen Leitungskanälen, die gewöhnlich im Dünnschliff nicht zu sehen sind	2
	Mit vereinzelten relativ dicken Kanälen, die im Schliff zu sehen sind	4–8
	Mit stärkeren Kanälen oder mit relativ starken zahlreichen Kanälen	16–32
II. Typ	Feinporöse und vereinzelt-poröse Gesteine	8
	Stark poröse und Poren verschiedener Größe	16–32
	Verschieden poröse Gesteine Große Poren (haupts.)	32–64
III. Typ	Feinporöse Leitungskanäle	6
	Sehr feinporöse Leitungskanäle	12
	Leitungskanäle, hauptsächlich sehr feinporös	24
IV. Typ	Zwischen den Rhomboedern oder den spindelförmigen Körnern	10
	Zwischen den runden rhomboederförmigen Körnern	20
	Zwischen den kugelförmigen Körnern	30

Tab. 3. Einfluß der leicht kommunizierenden Porosität, der die Größe B bestimmt (für Gesteine ohne feine Poren oder mit nur wenigen)

Porosität des Speichers (kommunizierende) Bezeichnung	Angenomm. Grenzen %	Mittlere empirische Größe (B) der leicht kommunizierenden Porosität
Stark poröse	25	25–30
Poröse	15–25	17
Verdünnt poröse	10–15	10
Mit zahlreichen Poren	5–10	2–5
Mit Poren	2–5	0,5–1,0
Mit einzelnen Poren	2	0

Tab. 4. Einfluß der Porenabmessungen auf die Größe C

Bezeichnung der Hohlräume (der überwiegenden)	Angenomm. Begrenzung in mm	Gemittelter empirischer Koeffizient C
Kavernen	2	16(?)
Große Poren	0,5–2,0	4
Mittlere u. große Poren	0,25–1,0	2
Kleine und mittlere Poren	0,1–0,5	1
Kleine und sehr kleine Poren	0,05–0,25	1/2
Sehr kleine Poren	0,01–0,1	1/4
Sehr kleine und feine Poren	0,1 teils 0,01	1/8
Äußerst kleine und feine Poren	0,03 teils 0,01	

Tab. 5. Einfluß der Gestrecktheit der Poren auf die Größe D

Form der Poren	Empirischer D	Gemittelter Koeffizient
Mehr oder minder isometrische Poren		1
Gestreckte Poren		2
Sehr langgestreckte Poren oder Poren, die sich nach der Schichtung orientieren, oder eine Reihe starker Poren, von denen Leitungskanäle abgehen		4

WITSCH, von dem folgende Haupttypen der Porosität in Karbonatspeichern aufgestellt wurden:

1. Makroporen, die untereinander durch dünne Leitungskanäle verbunden sind.
2. Breite Verbindungsgänge, die allmählich die Porenräume erweitern.
3. Makroporen, die untereinander durch feinporöse kanalförmige Gesteinsteile verbunden sind.
4. Intergranulare Porosität — die Poren passen sich den Umrissen der meisten Körner der Hauptmasse an.
5. Kluftporosität.
6. Gemischter Typ.

Durch mikroskopische Untersuchung des Hauptdolomits aus Bohrungen in der DDR gelang es, alle obenerwähnten Strukturtypen des Porenraumes festzustellen.[3])

Zusammenfassung

Eine erfolgreiche Durchführung der Such- und Erkundungsarbeiten auf Erdöl und Erdgas ohne Berücksichtigung der lithologischen Faktoren ist gegenwärtig nicht möglich.

Das Studium der Lithologie gibt Hinweise über den Charakter und die Zeit der Erdölmigration während der Lagerstättenbildung. Es ermöglicht die Bestimmung der Ausdehnung von Lagerstätten und hilft, die geologische Entwicklungsgeschichte eines Gebietes zu rekonstruieren.

Die Kenntnis und die Berücksichtigung der lithologischen Faktoren ist ebenfalls notwendig für die Lösung praktischer Aufgaben, wie Berechnung der effektiven Vorräte an Kohlenwasserstoffen und Bestimmung des rationellen Abbaus der Lager.

Резюме

Успешное проведение поисково-разведочных работ на нефть и газ без учитывания литологических факторов в настоящее время является невозможным.

Изучение литологии дает указания на характер и время миграции нефти при формировании месторождений. Оно позволяет определить размеры месторождений и оказывает помощь при восстановлении истории геологического развития района.

Значение и учитывание литологических факторов также необходимо для решения практических задач, напр. для подсчета эффективных запасов углеводородов и установления рациональной разработки месторождений.

[3]) Über die Porosität des Hauptdolomits in der DDR erfolgt in Kürze eine gesonderte Arbeit des Verf.

Summary

It is not possible at present to effectively carry out prospecting and reconnaissance for petroleum and natural gas without reference to lithological factors.

The study of lithology draws attention to the character and time of petroleum migration during the formation of deposits, enables the determination of their extension, and helps to reconstruct the geological history of development of an area.

The knowledge and consideration of lithological factors is also necessary for the solution of practical problems, such as the calculation of actual hydrocarbon reserves and determination of the exploitation of deposits on rational lines.

Literatur

AWDUSIN, P. P.: Die Struktur der Erdölkomponenten. — Isw. A. N. As. SSR, Nr. 6, (1947).

AWDUSIN, P. P., W. P. BATURIN & S. W. WAROWA: Versuch zur Bestimmung des Einflusses der mineralogischen Zusammensetzung der Sande auf die Filtration des Erdöls durch sie. — Neftn. hos., Nr. 1, Moskau 1937.

BATURIN, W. P.: Petrographische Analyse der geologischen Vergangenheit nach den terrigenen Komponenten. — Isd. A. N. SSR M. L. (1947).

DEUBEL, F.: Über das Auftreten von Erdöl und Erdgas im Zechstein des Thüringer Beckens, — Geologie, 3, 1954.

FÜCHTBAUER, H.: Zur Nomenklatur der Sedimentgesteine. — Erdöl u. Kohle, 12, S. 605, Hamburg 1959.

PUSTOWALOW, L. W.: Geochemische Fazies und ihre Bedeutung in der allgemeinen und angewandten Geochemie. — Probl. sow. geol., Nr. 1 (1933).

TEODOROWITSCH, G. I.: Die Lehre von den Sedimentgesteinen. — Gosgeoltechisdat, 1958.

— Karbonatische Fazies des unteren Perms und des oberen Karbons des Ural—Wolga-Gebiets. — Isd. MOIP, Ausg. 13 (17) (1949).

Beziehungen zwischen Wassergehalt und Rohdichte bei organogenen Lockergesteinen[1])

HELMUT KADO & FRITZ REUTER, Berlin

1. Zur ingenieurgeologischen Problematik organogener Ablagerungen

Organogene Gesteine stellen in der Ingenieurgeologie und in den verschiedenen Zweigen des Bauwesens einen komplizierten Bau- bzw. Untergrund dar. Um den Baugrund mit der erforderlichen Genauigkeit beurteilen zu können, bedarf es sehr eingehender Untersuchungen im Gelände und im Laboratorium. Bereiche mit organogenen Gesteinen müssen meist durch ein besonders enges Bohrnetz erkundet werden. Über die Anzahl der zu entnehmenden Proben und der an ihnen durchzuführenden Untersuchungen gehen die Meinungen in den einschlägigen Lehrbüchern oft auseinander. Die Ermittlung des Elastizitätsmoduls ist in den meisten Fällen nicht ausreichend. Da er im allgemeinen zwischen 0 und 20 kp/cm² liegt, ist organogener Untergrund praktisch für alle Bauwerke als Baugrund ungeeignet. Bei organogenen Ablagerungen wird deshalb (vor allem bei der Errichtung von Verkehrsdämmen) nicht die Belastbarkeit, sondern die Verdrängungswilligkeit untersucht. Auf Grund jahrelanger praktischer Erfahrungen werden heute Untersuchungen und Maßnahmen durchgeführt, die es ermöglichen, recht sichere Hinweise für die Errichtung von Bauwerken und Schüttung von Dämmen zu geben. Die üblicherweise zur Auswertung herangezogenen Kennzahlen für die Beurteilung der Verdrängungswilligkeit organogener Schichten, wie Feuchtrohdichte, Trockenrohdichte und natürliche Wasserzahl, genügen durchaus, um geeignete Gründungsmaßnahmen vorzuschlagen.

Unter den gebräuchlichen Kennwerten fehlt unseres Erachtens lediglich eine auf rein geologischen Methoden beruhende Einschätzung mittels der Humositätsgrade nach v. POST. Besonders die Landwirte haben hier Beziehungen zwischen Reindichte und den Humositätsgraden aufstellen können. Ein von BADEN (1960) veröffentlichtes Beispiel ist in Tab. 1 angeführt.

Auch die Schweizer Straßenbauer benutzen eine Klassifikation von Torfen, die eine enge Anlehnung an die Humositätsgrade erkennen läßt (Tab. 2).

[1]) Eingang des Manuskripts in der Redaktion: 27. 3. 1963

Tab. 1. Spezifisches Gewicht von Hochmoortorfen

Zersetzung nach v. POST	Spez. Gewicht
1– 2	1,59 ± 0,01
2– 3	
3– 4	
4– 5	1,56 ± 0,01
5– 6	
6– 7	1,53 ± 0,01
7– 8	
8– 9	1,50 ± 0,01
9–10	
10	1,49

Diese Aufstellungen lassen sehr gut erkennen, daß bei organogenen Gesteinen eine enge Abhängigkeit der sogenannten Boden- bzw. Erdstoffkennwerte von der geologisch-genetischen Entwicklung eines Gesteins vorhanden ist. (Auch eine gewisse Uneinheitlichkeit des Gesteins läßt sich durch geologische Ursachen erklären. Eine noch so genaue Probenuntersuchung darf über die tatsächliche Genauigkeit, die in der Natur vorhanden ist, nicht hinwegtäuschen.) MACFARLAN (1959) erkannte weitere Abhängigkeiten einiger Kennzahlen vom Zersetzungsgrad des Torfes (s. MOOS 1961):

Der Aschegehalt nimmt häufig nach der Tiefe hin zu.

Betreffs der pH-Werte läßt sich feststellen, daß Hochmoortorf meist saurer reagiert als Flachmoortorf, der weniger sauer sein kann, manchmal neutral, ab und zu auch schwach alkalisch.

Die Porenziffer und das Porenvolumen hängen vom Zersetzungsgrad des Torfs ab. Bei faserigem Torf ist die Porenziffer größer als bei zersetztem.

Der Wassergehalt nimmt im allgemeinen mit der Tiefe ab. Außerdem enthalten zersetzte Torfe geringere Wassermengen als faserige. Bei faserigen Torfen sind Wassergehalte bis 3235 % bekannt.

Es wäre wahrscheinlich interessant, weitere Vergleichsuntersuchungen zwischen Humositätsgraden und Kennzahlen durchzuführen. Sicher lassen sich auch durch derartige Versuche einige Vereinfachungen bei Laboratoriumsuntersuchungen erreichen, wenn die erforderliche Genauigkeit erreicht wird. Dies scheint durchaus gegeben zu sein, wenn man die Tabelle von BADEN (s. Tab. 1) betrachtet.

Außer den obengenannten Kennzahlen sind zur Beurteilung der Verdrängungswilligkeit von organogenen Schichten bei Dammschüttungen bzw. Schüttsprengverfahren die genaue Kenntnis des Liegenden und das Relief der Oberfläche der liegenden Schicht von großer Bedeutung. Um diese Erkundung durchführen zu können, ist oft eine große Anzahl von Bohrungen erforderlich. Eine genaue geologische Aufnahme des Bohrgutes ist die wichtigste Voraussetzung für eine ingenieurgeologische und geotechnische Beurteilung der Schichten und die Konstruktion von Liegendisohypsen des Torfs. Aus dem Bild der Isohypsen erhält man Hinweise, wie beim Schüttsprengverfahren die Sprengladungen anzusetzen sind und nach welcher Seite die organogenen Schichten am besten ausweichen können. Auf Einzelheiten kann hier nicht weiter eingegangen werden; es liegen zahlreiche in der einschlägigen Fachliteratur veröffentlichte Erfahrungen vor.

Tab. 2. Klassifikation des Torfes nach MOOS

Bezeichnung	Beschreibung
Grobfaseriger Torf	Nicht zersetzte, lange grobe Fasern, oft mit Holzstücken; beim Quetschen in der Hand tritt zwischen den Fingern klares bis gelblichbraunes Wasser ohne Torfsubstanz aus.
Feinfaseriger Torf	Ziemlich zersetzte, kürzere Fasern noch sichtbar; beim Quetschen in der Hand tritt zwischen den Fingern trübes Wasser und bis ein Drittel Torfsubstanz aus.
Amorpher Torf	Ganz zersetzt, Fasern praktisch nicht mehr sichtbar; beim Quetschen in der Hand tritt zwischen den Fingern praktisch alle Torfsubstanz aus.

Dazu tritt noch die Nennung der eventuellen anorganischen Beimengungen, wie Ton, Silt und Sand usw.

2. Die wichtigsten organogenen Ablagerungen

Bei den unten folgenden Untersuchungsergebnissen über organogene Gesteine werden einige Gesteinsbezeichnungen verwendet, die zunächst näher definiert werden müssen. Die Praxis der Baugrunduntersuchung und zahlreiche Beispiele aus der Literatur zeigen, daß die einzelnen Gesteinsarten nicht immer richtig auseinandergehalten werden.

Wenn man die Literatur diesbezüglich durchsieht, kann man erkennen, daß anscheinend Torfe niedriger Humositätsgrade als Torf und stärker zersetzte Torfe häufig als Faulschlamme bezeichnet werden. Inwieweit Faulschlamm und Wiesenkalk richtig erkannt worden sind, ist nachträglich nicht eindeutig zu entscheiden. Nicht selten setzt man auch anstelle der Gesteinsbezeichnung den unklaren Begriff „Moor“ und meint damit Torf oder mehrere organogene Gesteine gemeinsam. Daß das richtige Erkennen der Gesteinsart aber die Voraussetzung für ordentliche bodenphysikalische Arbeiten und bautechnische Schlußfolgerungen ist, geht aus den weiteren Ausführungen eindeutig hervor. Deshalb seien die Begriffsbestimmungen noch einmal angeführt:

M o o r ist ein geographisch-geologischer Begriff. Für ein Gestein ist er nicht anzuwenden.

T o r f ist eine aus abgestorbenen pflanzlichen Resten durch Inkohlung (Vertorfung) entstandene organische Ablagerung. Die Inkohlung bzw. Vertorfung geschieht unter anaeroben Bedingungen. [Unter aeroben Bedingungen kann die organische Substanz des Torfs nachträglich vererdet werden. In der Natur erkennt man Torf daran, daß er in Soden stechbar ist, während vererdeter Torf krümelt (THOMAS 1959).]

Der Torf macht mit zunehmendem Alter einen Zersetzungsprozeß durch. Nach v. POST lassen sich dann 10 Humositätsgrade unterscheiden.

F a u l s c h l a m m, auch M u d d e oder S a p r o p e l genannt, besteht aus Resten niederer tierischer Organismen und aus Pflanzen, die von Wassertieren zerkleinert wurden. Gegenüber Torf ist also beim Faulschlamm stets ein Gestein zu beobachten, das keine Verfilzung zeigt (TIEDEMANN 1952).

F a u l s c h l a m m k a l k oder W i e s e n k a l k bildet sich häufig im Zusammenhang mit Faulschlamm. Er ist ein grauweißliches, teilweise schmieriges, unter Umständen auch körnig rauhes, sehr locker gelagertes Gestein von meist nur geringer Mächtigkeit. In ihm findet man häufig noch Reste von Schnecken- und Muschelschalen.

Man findet anstelle der obengenannten Bezeichnungen in der Literatur der Baugrundingenieure auch Worte wie Torfmudde, Tonmudde, Sandmudde, Kalkmudde und statt Wiesenkalk oder Faulschlammkalk auch Kalkmudde, Seekreide, Wiesenmergel, Moormergel usw. (TIEDEMANN 1952).

Allen obengenannten organischen Ablagerungen ist gemeinsam, daß sie einen hohen Wassergehalt haben, der oft das Vielfache der Trockensubstanz beträgt. Weiterhin beobachtet man wegen der hohen Anteile an organischen Bestandteilen eine niedrige Reindichte und eine geringe Rohdichte.

3. Ziel der Arbeiten

Im Rahmen einer systematischen Untersuchung von Lockergesteinen nach genetischen und bodenphysikalischen Gesichtspunkten zur Aufstellung Ingenieurgeologischer Einheiten für eine regionale ingenieurgeologische Gliederung der DDR liegen die ersten Ergebnisse über organogene Lockergesteine vor. Das Ziel der Arbeiten bestand darin, zu untersuchen, inwieweit sich gewisse Kennzahlen auf Grund der genetischen Entwicklung eines Gesteins ableiten lassen und ob sich zwischen den Kennzahlen außer den bisher bekannten weitere Beziehungen erkennen lassen.

Die organogenen Lockergesteine waren für erste Untersuchungen gerade deshalb besonders geeignet, weil es sehr schwierig ist, die Probenahme und die bodenphysikalischen Untersuchungen durchzuführen, und schon bei der Entnahme ungestörter Proben die ersten Fehlerquellen auftreten. Wenig zersetzter Torf enthält häufig festere sperrige Bestandteile, die der Probenahme großen Widerstand entgegensetzen und so zur Veränderung der Struktur des Materials und der Rohdichte führen, da die Probe nicht mehr am Stutzen anliegt. Auch geht beim Ziehen der Probestutzen ein Teil des natürlichen Wassergehaltes verloren, der nicht durch die Wasserzahl erfaßt wird. Bei verschiedenen aufgelockerten „ungestörten Proben" wurde beim Ausstoßen der Stutzen das für die Abdichtung der Probe verwendete Paraffin in den durch die Auflockerung entstandenen Hohlräumen gefunden. Das Gewicht des eingedrungenen Paraffins betrug in einigen Proben zwischen 43 und 112 Gramm. Hierdurch ergibt sich eine Erhöhung der Rohdichte, wenn das Paraffin mitgewogen wird, und andererseits eine geringere Rohdichte, wenn man das Paraffin vom Gewicht absetzt. In beiden Fällen kann man aber nicht mehr von exakten Werten sprechen. Eine weitere Fehlerquelle tritt auf, wenn die Probe aus dem Stutzen in den Probeuntersuchungsring gestoßen wird. Auch hierbei sind wieder ein Wasserverlust und je nach Struktur des Torfs ein Zusammendrücken oder ein Auflockern der Probe möglich. Der Oedometerversuch scheint hier um so exaktere Werte zu ergeben, je höher der Zersetzungsgrad des Torfs ist. Bei hohen Humositätsgraden besteht allerdings die Gefahr, daß eine Probenahme infolge Herausrutschens des Materials aus dem Stutzen gar nicht gelingt. Diese Möglichkeit ist besonders beim Faulschlamm immer gegeben. Wiesenkalk scheint von allen organogenen Gesteinen für die Probenahmen und Probenuntersuchungen am besten geeignet zu sein.

Durch die nunmehr zum Abschluß gekommenen ersten Untersuchungen sind wir in der Lage, Ergebnisse vorzulegen, nach denen es möglich ist, an Hand von gestörten Proben (die z. B. durch den Schwedischen Kammerbohrer genommen werden) die Rohdichten zu ermitteln, wenn man sie über den natürlichen Wassergehalt errechnet. Mit der Vereinfachung der Probenahme und dem geringeren Aufwand für die Untersuchungen ist gleichzeitig, wenn auch in beschränktem Umfange, eine Kosteneinsparung möglich. Es werden nachfolgend einige Kurven vorgelegt, die eine direkte Ablesung verschiedener Kennzahlen ermöglichen. Die geringe Streuung der Werte läßt sich u. a. auf die bereits oben angedeuteten Fehlerquellen zurückführen.

4. Die untersuchten Proben

Es lagen Proben aus mehreren in den letzten Jahren ingenieurgeologisch begutachteten Gebieten des Nordteils der DDR vor. Es handelt sich teils um Gutachten der Arbeitsgruppe Ingenieurgeologie des früheren Zentralen Geologischen Dienstes, Berlin, (jetzt Zentrales Geologisches Institut) und überwiegend um Proben aus Begutachtungen des VEB Geologische Erkundung Nord, Arbeitsstelle Berlin, sowie um Proben, die im Rahmen der Begutachtung der Autobahntrasse Berlin—Rostock durch den VEB Geologische Erkundung Nord genommen und für eine Auswertung zur Verfügung gestellt wurden. Den Kollegen der genannten Betriebe, inbesondere Herrn Dr. KNOPP, Berlin, und Herrn Ing. MARQUARDT, Schwerin, sind wir für die Überlassung der Proben zu Dank verpflichtet.

Sämtliche Proben wurden im Laboratorium der Arbeitsgruppe Ingenieurgeologie des Zentralen Geologischen Instituts untersucht.

Es handelt sich um:

48 Torfproben
59 Wiesenkalkproben
5 Faulschlammproben
2 Schlickproben
9 Proben von mit organischen Resten durchsetztem Sand
123 Proben insgesamt

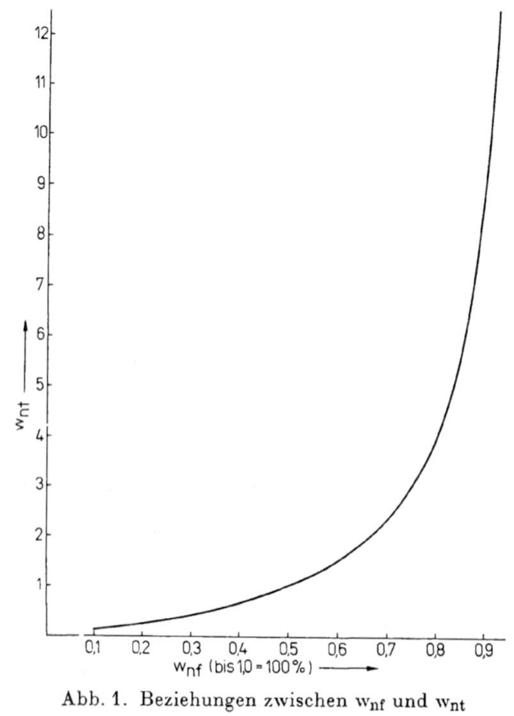

Abb. 1. Beziehungen zwischen w_{nf} und w_{nt}

Tab. 3a. Zusammenstellung von Kennziffern der untersuchten Proben (Torf)

Probenanzahl n	Arb.-Nr.	Entnahmeort	Bohrg.	Teufe m	w_{nt}	w_{nf}	ρ_{fl} (g/cm³)	ρ_{tl} (g/cm³)	ρ_s	E	ε_n	n_n	n_w	Humositätsgrad	$\rho_{fl} \cdot \rho_{tl}$	$(\rho_{fl})^2$	w_w	ρ_g	% n_w/n_n
1	445/3	Güterfelde	8	1,10	7,440	0,882	0,92	0,11	1,75		15,08	0,94	0,81	3	0,1012	0,8464	8,612	1,05	(89) 86,4
2	/4	,,	10	0,80	7,368	0,880	0,95	0,11						3	0,1045	0,9025			(92)
2a	401/9	Rüdersdorf	50	2,00	7,239	0,879	0,64	0,08	1,65		20,14	0,95	0,57				12,22	1,03	59,3
3	300/53	Straßenbau Kirchmöser	13	1,80	7,057	0,876	1,00	0,12							0,1200	1,0000			
4	445/7	Güterfelde	11	1,10	7,000	0,875	0,89	0,11	1,70		14,22	0,93	0,78	2	0,0979	0,7921	8,37	1,04	(86) 83,7
4a	/8	,,	11	1,32	6,875	0,873	0,64	0,08						2					(60)
5	/11	,,	15	0,60	6,741	0,871	0,85	0,11						1	0,0935	0,7225			(82)
6	/12	,,	7	1,47	6,623	0,869	0,92	0,12	1,63		10,64	0,91	0,74	3	0,1104	0,8464	6,53	1,05	(89) 81,2
7	300/31	Straßenbau Kirchmöser	14	2,35	6,591	0,868	0,97	0,13							0,1261	0,9409			
8	A/6	Autobahn Bln.-Wittstock	?	?	6,460	0,866	0,96	0,13							0,1248	0,9216			
8a	445/9	Güterfelde	12	1,10	6,370	0,864	0,75	0,10	1,89		17,45	0,95	0,65	2			9,24	1,05	(71) 69,0
8b	/6	,,	10	0,80	6,250	0,862	0,61	0,08						2					(57)
9	A 2	Autobahn Bln.-Wittstock	107a	3,50	6,120	0,860	0,97	0,14							0,1358	0,9409			
10	445/10	Güterfelde	13	0,70	6,039	0,856	0,85	0,12						2	0,1020	0,7225			(80)
11	A 7	Autobahn Bln.-Wittstock	32a	1,30	5,900	0,855	1,00	0,14							0,1400	1,0000			
12	A 3	,,	110	1,0	5,848	0,854	1,02	0,16							0,1632	1,0404			
13	A 5	,,	111	1,0	5,842	0,854	1,00	0,15							0,1500	1,0000			
14	300/37	Straßenbau Kirchmöser	16	1,8	5,821	0,853	0,97	0,14							0,1358	0,9409			
15	/25	,,	12	1,2	5,709	0,851	1,01	0,15							0,1515	1,0201			
16	/42	Straßenbau Kirchmöser	18	1,5	5,500	0,846	0,91	0,14							0,1274	0,8281			
17	/46	,,	11	1,0	5,465	0,845	0,98	0,15							0,1470	0,9604			
18	/59	,,	15	1,0	5,448	0,845	0,98	0,15							0,1470	0,9604			
19	445/1	Güterfelde	5	0,95	5,380	0,843	0,98	0,15	1,81		10,76	0,92	0,83	3	0,1470	0,9604	5,95	1,07	(92) 90,5
20	/12	,,	9	0,70	5,301	0,841	0,88	0,14						2	0,1232	0,7744			(82)
21	273/10	Straßenbau Bln.-Lübbenau	37 a	0,60	5,070	0,835	1,01	0,19	1,54		8,05	0,89			0,1919	1,0201			
22	300/52	Straßenbau Kirchmöser	13	1,00	4,943	0,832	1,01 0,99	0,17							0,1717	1,0201			
23	458/8	Straßenbau Burg	7c	2,00	4,842	0,829	0,96	0,17		(1,0) 4,3					0,1683	0,9801			
24	273/4	Straßenbau Bln.-Lübbenau	37	1,30	4,740	0,826	0,92	0,17	1,49	(1,0) 5,0	7,90	0,89			0,1632	0,9216			
25	401/6	Rüdersdorf	28	2,70	4,718	0,825	0,90	0,16	1,49		8,43	0,894	0,76		0,1472	0,8464	5,56	1,05	85
26	300/64	Straßenbau Kirchmöser	17	1,30	4,698	0,825	1,00	0,16							0,1440	0,8100			
27	229/124	Autobahn Berliner Ring	157	0–1,90	4,657	0,823	0,96	0,18							0,1800	1,0000			
28	A/4	Autobahn Bln.-Wittstock	110	3,60	4,500	0,818	0,96	0,17							0,1632	0,9216			
29	273/1	Straßenbau Bln.-Lübbenau	39	0,60	4,390	0,815	1,01	0,18	1,47	(1,0) 3,8	7,37	0,88			0,1728	0,9216			
30	/6	,,	37	0,70	4,340	0,813	0,98	0,19	1,46	(2,0) 4,1	6,75	0,87			0,1919	1,0201			
31	300/23	Straßenbau Kirchmöser	10a	1,80	4,192	0,807	0,96	0,19							0,1862	0,9604			
32	273/2	Straßenbau Bln.-Lübbenau	39	1,40	3,950	0,798	1,01	0,19	1,51	(1,0) 4,6	6,80	0,87			0,1824	0,9216			
33	/8	,,	29	1,10	3,900	0,796	1,02	0,21	1,47	(1,0) 5,0	6,15	0,86			0,2121	1,0201			

Tab. 3a. Fortsetzung

Probenanzahl n	Arb.-Nr.	Entnahmeort	Bohrg.	Teufe m	w_{nt}	w_{nf}	ρ_{fl} (g/cm³)	ρ_{ti} (g/cm³)	ρ_s	E	ε_n	n_n	n_w	Humositätsgrad	$\rho_{fl} \cdot \rho_{ti}$	$(\rho_{fl})^2$	w_w	ρ_g	% n_w/n_n
34	273/9	Straßenbau Bln.-Lübbenau	34a	0,60	3,540	0,780		0,22	1,49		5,57	0,85			0,2244	1,0404			
35	300/17	Straßenbau Kirchmöser	10	3,74	3,475	0,777	1,00	0,22							0,2200	1,0000			
36	458/6	Straßenbau Burg	7a	2,10	3,328	0,769	1,00	0,31		(1,0) 4,0					0,3100	1,0000			
37	273/10a	Straßenbau Bln.-Lübbenau	2	1,50	3,290	0,767	0,93	0,22	1,59		6,63	0,87			0,2046	0,8649			
38	401/2	Rüdersdorf	24	1,20	3,209	0,762	1,10	0,26	1,78		5,9	0,855	0,84		0,2860	1,2100	3,26	1,12	98,4
39	300/43	Straßenbau Kirchmöser	4b	2,50	3,000	0,750	0,99	0,25							0,2475	0,9801			
40	458/7	Straßenbau Burg	7c	1,15	2,934	0,746	1,01	0,26		(1,0) 8,2					0,2626	1,0201			
41	300/11	Straßenbau Kirchmöser	9	5,50	2,833	0,739	1,04	0,27							0,2808	1,0816			
42	273/7	Straßenbau Bln.-Lübbenau	28	0,80	2,830	0,739	0,99	0,26	1,56	(1,0) 10,5	5,06	0,84			0,2574	0,9801			
43	273/9a	,,	1	1,40	2,740	0,733	0,92	0,29	1,60		5,50	0,85			0,2668	0,8464			
44	300/45	Straßenbau Kirchmöser	7	2,40	2,553	0,719	1,07	0,30							0,3210	1,1449			

Tab. 3b. Zusammenstellung von Kennziffern der untersuchten Proben (Wiesenkalk)

Probenanzahl n	Arb.-Nr.	Entnahmeort	Bohrg.	Teufe m	w_{nt}	w_{nf}	ρ_{fl} (g/cm³)	ρ_{ti} (g/cm³)	$\rho_{fl} \cdot \rho_{ti}$	$(\rho_{fl})^2$	ρ_s	E	Kalk %	n_n	n_w	w_w	ρ_g	% n_w/n_n	Mineral-gehalt %
1	300/54	Straßenbau Kirchmöser	13	4,60	3,025	0,752	1,18	0,29	0,3422	1,3933									
2	/48	,,	11	4,80	2,716	0,731	1,02	0,28	0,2856	1,0404									
3	348/2	Straßenbau Alt-Friedland	4a	4,60	2,702	0,730	1,08	0,28	0,3024	1,1664									
4	300/33	Straßenbau Kirchmöser	14	7,90	2,698	0,730	1,16	0,31	0,3596	1,3456									
5	/26	,,	12	2,80	2,635	0,725	1,15	0,32	0,3680	1,3225									
6	/60	,,	15	3,00	2,548	0,718	1,06	0,30	0,3180	1,1236									
7	/32	,,	14	5,20	2,531	0,717	1,03	0,29	0,2987	1,0609									
8	/47	,,	11	3,20	2,518	0,716	1,08	0,31	0,3348	1,1664									
9	/18	,,	10	5,00	2,496	0,714	1,09	0,31	0,3379	1,1881									
10	/38	,,	16	3,10	2,488	0,713	1,17	0,34	0,3978	1,3689									
11	/34	,,	14	9,50	2,274	0,695	1,25	0,38	0,4750	1,5625									
12	/27	,,	12	5,30	2,192	0,687	1,22	0,38	0,4636	1,4884									
13	/61	,,	15	3,90	2,189	0,686	1,18	0,37	0,4366	1,3933									
14	/39	,,	16	5,10	2,135	0,681	1,19	0,38	0,4522	1,4161									
15	401/7	Rüdersdorf	34	6,10	1,891	0,654	1,23	0,42	0,5166	1,5129	2,46	(2,0)6−8	70,4	0,829	0,802	1,96	1,25	96,9	91,78
16	300/55	Straßenbau Kirchmöser	13	7,20	1,875	0,652	1,22	0,42	0,5124	1,4884									
17	/28	,,	12	7,80	1,825	0,646	1,13	0,40	0,4520	1,2769									
18	/24	,,	10a	5,50	1,726	0,633	1,19	0,44	0,5236	1,4161									
19	/44	,,	4b	4,70	1,707	0,631	1,19	0,44	0,5236	1,4161									
20	/49	,,	11	7,30	1,702	0,630	1,20	0,44	0,5280	1,4400									
21	376/1	Straßenbau Grubensee	8	1,50	1,692	0,629	1,30	0,48	0,6240	1,6900	2,34		53,6						

Tab. 3b. Fortsetzung

Probenanzahl n	Arb.-Nr.	Entnahmeort	Bohrg.	Teufe m	w_{nt}	w_{uf}	ρ_{fi} (g/cm³)	ρ_{ti} (g/cm³)	$\rho_{fi} \cdot \rho_{ti}$	$(\rho_{fi})^2$	ρ_s	E	Kalk %	n_n	n_w	w_w	ρ_g	% n_w n_n	Mineralgehalt %
22	348/1	Straßenbau Alt-Friedland	4a	2,30	1,682	0,627	1,17	0,44	0,5148	1,3689									
23	300/29	Straßenbau Kirchmöser	12	10,20	1,603	0,616	1,12	0,43	0,4816	1,2544									
24	/21	,,	10	12,10	1,603	0,616	1,19	0,46	0,5474	1,4161									
25	/56	,,	13	9,50	1,580	0,612	1,16	0,45	0,5220	1,3456									
26	/30	,,	12	12,00	1,543	0,607	1,14	0,45	0,5130	1,2996									
27	/62	,,	15	5,60	1,494	0,599	1,22	0,49	0,5978	1,4884									
28	/50	,,	11	10,00	1,489	0,598	1,21	0,49	0,5929	1,4641									
29	/19	,,	10	7,90	1,407	0,585	1,20	0,55	0,6600	1,4400									
30	300/20	,,	10	10,00	1,346	0,574	1,16	0,49	0,5684	1,3456									
31	/15	,,	9	14,30	1,298	0,565	1,22	0,53	0,6466	1,4884									
32	/57	,,	13	11,80	1,281	0,562	1,25	0,55	0,6875	1,5625									
33	/13	,,	9	10,20	1,237	0,553	1,32	0,59	0,7788	1,7424									
34	/14	,,	9	12,40	1,234	0,552	1,29	0,58	0,7482	1,6641									
35	/58	,,	13	13,00	1,186	0,543	1,28	0,58	0,7424	1,6384									
36	/16	,,	9	16,00	1,130	0,531	1,22	0,57	0,6954	1,4884									
37	348/3	Straßenbau Alt-Friedland	4a	6,10	1,093	0,522	1,36	0,65	0,8840	1,8496			85,7						
38	631/18	Bln.-Pankow, Ossietzkystr.	6	6,20	1,086	0,521	1,28	0,61	0,7808	1,6384		(1,5) 44							
39	300/41	Straßenbau Kirchmöser	16	10,20	1,056	0,514	1,19	0,58	0,6902	1,4161									
40	631/16	Bln.-Pankow, Ossietzkystr.	5	4,00	1,039	0,510	1,34	0,66	0,8844	1,7956		(1,5) 27							
41	353/7	,,	?	?	1,037	0,509	1,29	0,64	0,8256	1,6641		(1,0) 31							
42	631/17	Bln.-Pankow, Ossietzkystr.	6	5,20	1,027	0,507	1,30	0,71	0,9230	1,6900		(1,5) 55							
43	300/51	Straßenbau Kirchmöser	11	12,40	1,022	0,505	1,37	0,68	0,9316	1,8769									
44	/35	,,	14	11,80	1,012	0,503	1,35	0,67	0,9045	1,8225									
45	920/5	Bln.-Pankow, Pestalozzistr. (28. 3. 56)	9	4,30	1,011	0 503	1,62	0,80	1,2960	2,6244		(2,0) 59	81,8						
46	353/13a	Bln.-Pankow, Ossietzkystr.	?	?	0,990	0,498	1,55	0,78	1,2090	2,4025		(1,0) 31							
47	401/4	Rüdersdorf	25	11,50	0,987	0,497	1,46	0,73	1,0658	2,1316			83,3						
48	348/4	Straßenbau Alt-Friedland	4a	7,50	0,976	0,494	1,38	0,70	0,9660	1,9044			86,1						
49	284/5	Bln.-Pankow, U-Bahn	5	5,20	0,951	0,487	1,35	0,69	0,9315	1,8225									
50	989/1	Bln.-Pankow, Ossietzkystr.	14	6,00	0,871	0,466	1,39	0,74	1,0286	1,9321		(2,0) 50	76,9						
51	631/22	Bln.-Pankow, Ossietzkystr.	7	5,40	0,846	0,458	1,51	0,82	1,2382	2,2801		(1,5) 150?							
52	153/17	Autobahn Rostock–Wittstock	75	16,35	0,815	0,449	1,41	0,78	1,0998	1,9881			84,0						
53	/16	,,	75	12,60	0,807	0,447	1,41	0,78	1,0998	1,9881			81,5						
54	300/63	Straßenbau Kirchmöser	15	8,10	0,789	0,441	1,46	0,81	1,1826	2,1316									
55	631/6	Bln.-Pankow, Ossietzkystr.	3	4,8–6,9	0,780	0,438	1,40	0,79	1,1060	1,9600		(2,0) 51	78,5						

Tab. 3b. Fortsetzung

Probenanzahl n	Arb.-Nr.	Entnahmeort	Bohrg.	Teufe m	w_{nt}	w_{nf}	ρ_{fi} (g/cm³)	ρ_{ti} (g/cm³)	$\rho_{fi} \cdot \rho_{ti}$	$(\rho_{fi})^2$	ρ_s	E	Kalk %	n_n	n_w	w_w	ρ_g	% n_w/n_n	ε_n
56	284/8	Bln.-Pankow, U-Bahn	7	5,4	0,663	0,399	1,56	0,94	1,4664	2,4336		(1,0) 23							
57	353/9	Bln.-Pankow, Ossietzkystr.	?	?	0,436	0,304	1,56	1,09	1,7004	2,4336	2,71			0,60	0,47	0,553	1,68	78,9	1,50
58	401/21	Rüdersdorf	53	6,80	0,436	0,304	1,56	1,08	1,6848	2,4336									
59	229/126	Autobahn Berliner Ring	157	1,9–3,2	0,221	0,181	1,90	1,55	2,9450	3,6100									

Tab. 3c. Zusammenstellung von Kennziffern der untersuchten Proben (Faulschlamm)

Probenzahl n	Arb.-Nr.	Entnahmeort	Bohrg.	Teufe m	w_{nt}	w_{nf}	ρ_{fi} (g/cm³)	ρ_{ti} (g/cm³)	$\rho_{fi} \cdot \rho_{ti}$	$(\rho_{fi})^2$	ρ_s	Kalk %	E	Mineralgehalt %	n_n	n_w	w_w	ρ_g	% $\frac{n_w}{n_n}$	ε_n
1	A/1	Autobahn Bln.–Wittstock	107	1,50	5,198	0,839	1,02	0,17	0,1734	1,0404										
2	A/2	„	110	2,20	4,752	0,826	1,12	0,19	0,2128	1,2544										
3	401/5	Rüdersdorf	26	2,40	2,058	0,673	1,14	0,37	0,4218	1,2996	2,22	18,1			0,83	0,768	2,23	1,21	92,3	4,88
4	300/22	Straßenbau Kirchmöser	10	13,70	1,183	0,542	1,37	0,63	0,8631	1,8769										
5	207/2	Sportschule Strausberg	4	11,10	1,177	0,541	1,19	0,55	0,6545	1,4161			(2,0) 44							

Tab. 3d. Zusammenstellung von Kennziffern der untersuchten Proben (Organisch durchsetzter Sand und Schlick)

Probenzahl n	Arb.-Nr.	Entnahmeort	Bohrg.	Teufe m	w_{nt}	w_{nf}	ρ_{fi} (g/cm³)	ρ_{ti} (g/m³)	$\rho_{fi} \cdot \rho_{ti}$	$(\rho_{fi})^2$	ρ_s	Kalk %	E	Mineralgehalt %	n_n	n_w	w_w	ρ_g	% $\frac{n_w}{n_n}$	ε_n
1	143/30	Wohnsiedlg. Strausberg	4	2,55	0,822	0,451	1,35	0,74	0,9990	1,8225			(2,0) 11							
2	401/23	Rüdersdorf	55	1,90	0,686	0,407	1,41	0,83	1,1703	1,9881	2,46			19,3	0,66	0,57	0,79	1,49	86,65	1,95
3	/20	„	53	2,30	0,584	0,369	1,46	0,92	1,3432	2,1316				94,0						
4	1000/1	Eichwerder, Brücke (Schlick)	2	2,15	0,576	0,366	1,51	0,96	1,4496	2,2801			(2,0) 40	90,9						
5	401/22	Rüdersdorf	54	1,70	0,546	0,353	1,53	0,99	1,4949	2,3409	2,57			95,2	0,62	0,54	0,624	1,61	87,6	1,60
6	/1	„	12	1,40	0,536	0,349	1,58	1,03	1,6274	2,4964		3,2		97,4						
7	/8	„	49	2,00	0,417	0,294	1,67	1,17	1,9539	2,7889				96,3						
8	811/1	Oderbruch (Schlick)	?	?	0,305	0,234	1,70	1,31	2,2270	2,8900										
9	143/31	Wohnsiedlg. Strausberg	4	3,15	0,270	0,213	1,92	1,51	2,8992	3,6864			(2,0) 45							
10	143/32	„	4	3,60	0,243	0,195	1,95	1,57	3,0615	3,8025			(2,0)							
11	401/10	Rüdersdorf	52	2,00	0,205	0,170	1,79	1,49	2,6671	3,2041			46	99,3						
119	Gesamt						141,93	55,8	75,9164	176,0851										

Die Proben 2a, 4a, 8a und 8b wurden wegen des hohen Luftgehaltes ihres Porenraums nicht zur Ermittlung der Ausgleichsgeraden verwendet.

5. Ermittelte Kennziffern und Untersuchungsmethodik

Feuchtrohdichte ρ_f [g/cm³]

Auswiegen der Feuchtmasse m_F [g] des Probenmaterials, Messen des Gesamtvolumens V [cm³] der Probe im Stutzen

Berechnung: $$\frac{m_F}{V} = \rho_f [g/cm^3] \quad (1)$$

Trockenrohdichte ρ_t[g/cm³]

Auswiegen der Trockenmasse m_T [g] des Probenmaterials (Trocknen s. unten)

Berechnung: $$\frac{m_T}{V} = \rho_t [g/cm^3] \quad (2)$$

Wassergehalt

Natürliche Wasserzahl w_n, berechnet zur Trockenmasse $= w_{nt}$

Tab. 4. Werteskala der errechneten voneinander abhängigen Funktionen

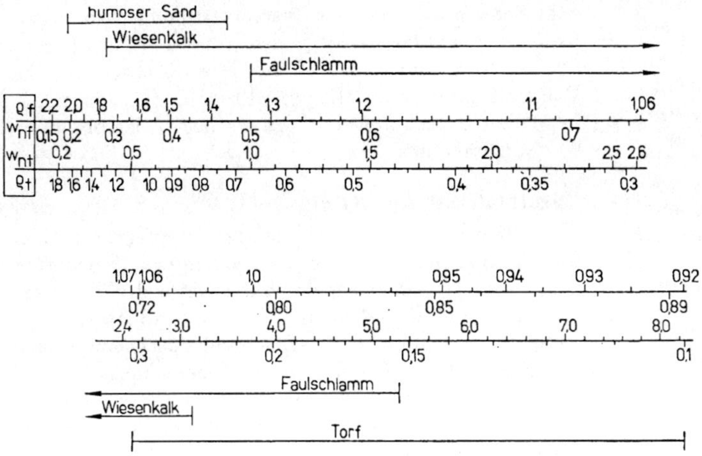

Das gesamte Probenmaterial wurde unter dem Infrarotstrahler bei 50—60 °C oder anfangs im Trockenschrank bei 105 °C getrocknet. Vor dem vollkommenen Austrocknen erfolgte eine Weiterbehandlung unter dem Infrarotstrahler bei 50—60 °C, da sonst die Gefahr des Verglimmens für das leichtentzündliche organische Material bestand. Schließlich wurde die Trockenmasse gewogen.

$$\text{Berechnung: } w_{nt} = \frac{m_F - m_t}{m_T} = \frac{m_W}{m_T} \qquad (3)$$

Natürliche Wasserzahl w_n, berechnet zur Feuchtmasse $= w_{nf}$

$$\text{Berechnung: } w_{nf} = \frac{m_F - m_T}{m_F} = \frac{m_W}{m_F} \qquad (4)$$

$$\text{oder Umrechnen aus } w_{nt} : w_{nf} = \frac{w_{nt}}{1 + w_{nt}}$$

(Abb. 1) (4a)

6. Auswertung des vorliegenden Untersuchungsmaterials

Berechnungsgrundlagen

Als Grundlage der vorliegenden Arbeit wurden die statistisch erfaßten Kennziffern der untersuchten ungestörten organischen Lockergesteine in insgesamt 5 Diagrammen punktförmig aufgetragen. Hierbei sind folgende Beziehungen betrachtet worden:

I. a) natürliche Wasserzahl w_{nt} (zur Trockenmasse berechnet)
Trockenrohdichte ρ_t

b) natürliche Wasserzahl w_{nt} (zur Trockenmasse berechnet)
Feuchtrohdichte ρ_f

c) Trockenrohdichte ρ_t
Feuchtrohdichte ρ_f

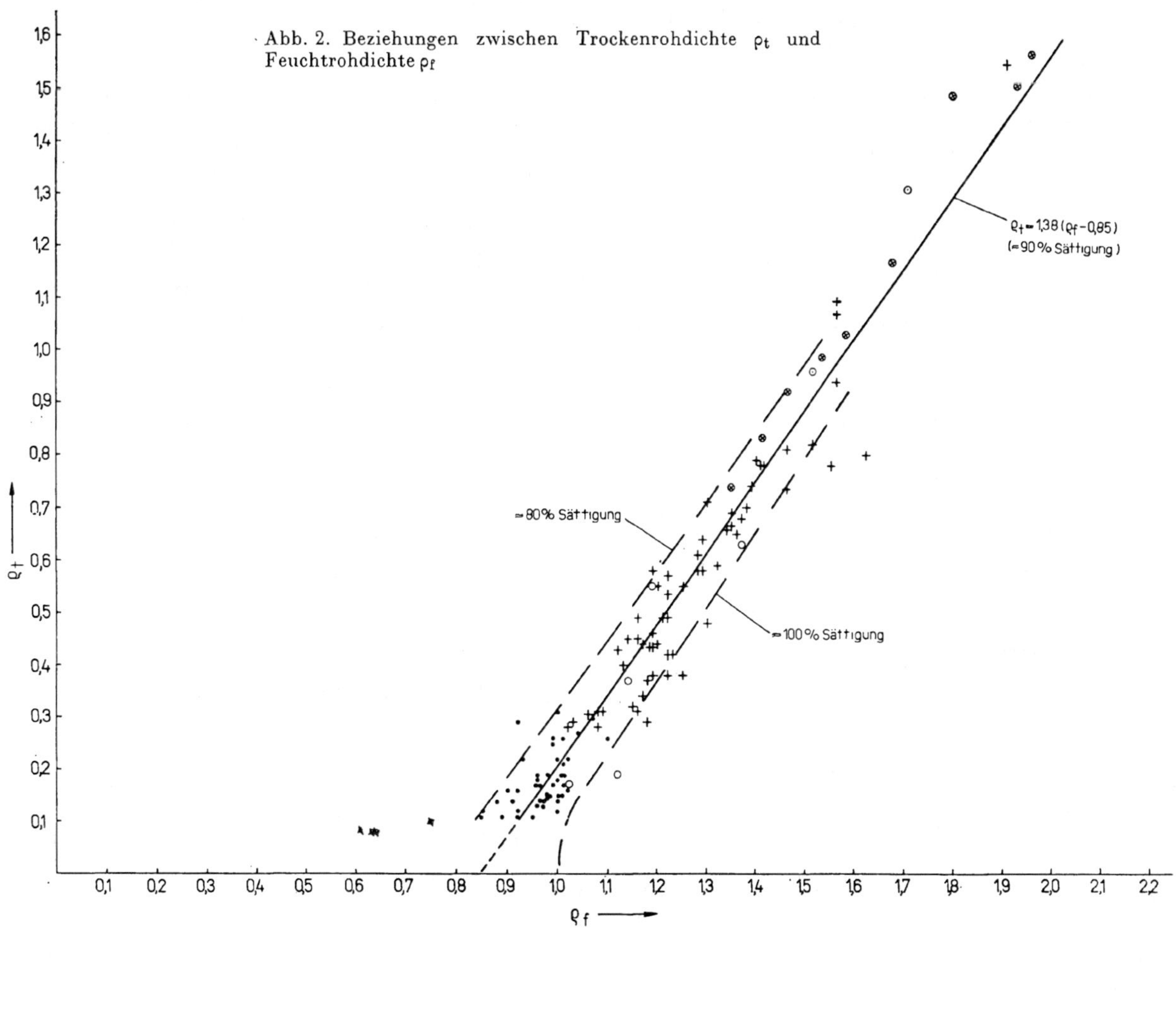

Abb. 2. Beziehungen zwischen Trockenrohdichte ρ_t und Feuchtrohdichte ρ_f

Tab. 5. Gültigkeitsbereiche der aus den errechneten Funktionen abgeleiteten Kennwerte (annähernd), zusammengestellt nach den statistisch erfaßten Untersuchungsergebnissen

	Torf	Wiesenkalk	Faulschlamm	organisch durchsetzter Sand
w_{nt}	2,50 – 8,00	0,40 – 3,10	1,00 – 5,30	0,25 – 0,90
w_{nf}	0,71 – 0,89	0,28 – 0,76	0,50 – 0,84	0,20 – 0,47
ρ_f (g/cm³)	0,92 – 1,07	1,03 – 1,80	0,96 – 1,34	1,37 – 2,00
ρ_f (g/cm³)	0,10 – 0,30	0,25 – 1,25	0,15 – 0,65	0,72 – 1,60

II. a) natürliche Wasserzahl w_{nf} (zur Feuchtmasse berechnet)
Trockenrohdichte ρ_t
b) natürliche Wasserzahl w_{nf} (zur Feuchtmasse berechnet)
Feuchtrohdichte ρ_f

Die Verteilung der eingetragenen Werte läßt erkennen, daß die Mittelwerte der Beziehungen Ia und Ib jeweils den positiven Ast einer Hyperbelfunktion darstellen, während die Mittelwerte der Beziehung Ic die Bildung einer linearen Funktion ermöglichen. Bei Ia tritt nur eine geringe Streuung auf, bei Ib und Ic ist die Streuung der Einzelwerte größer, liegt aber noch in vertretbaren Maßen. Die größeren Abweichungen sind u. a. (siehe oben) vermutlich auf die unterschiedliche Wassersättigung der Einzelproben zurückzuführen. Vier Torfproben fallen vor allem bei Ib und Ic vollkommen aus dem Schema heraus. Der Wassersättigungsgrad dieser Proben beträgt 60 bis 70 %, also 30 bis 40 % des Porenraumes sind mit Luft erfüllt. Der durchschnittliche Wassersättigungsgrad für die Proben, die den nachfolgenden Berechnungen zugrunde liegen, ist mit etwa 90 % anzunehmen.

Mathematische Auswertung

Die mathematische Auswertung der offensichtlichen Beziehungen wurde wie folgt vorgenommen: Für die im Diagramm Ic aufgetragenen Einzelwerte der Trockenrohdichte und Feuchtrohdichte wurde mit Hilfe einer Ausgleichsrechnung — Ausgleichung durch eine ganze lineare Funktion — die Funktion (7) berechnet (Abb. 2). Eine Fehlerrechnung war hierfür nicht notwendig, da diese beiden Kennziffern in der Praxis vom Wassergehalt abgeleitet werden sollen.

Die als Hyperbelfunktion (8) für Lockergesteine mit natürlichem Wassergehalt bekannte Abhängigkeit zwischen Trockenrohdichte, Feuchtrohdichte und Wassergehalt war Grundlage für die weiteren Berechnungen.

Durch Elimination einer Variablen (Trockenrohdichte bzw. Feuchtrohdichte) der Funktion (8) unter Verwendung der Funktion (7) konnten die Hyperbelfunktionen (9) (Beziehung Ia) und (10) (Beziehung Ib) aufgestellt werden (Abb. 3). Für die einzelnen organischen Lockergesteinsarten können bei den ermittelten Funktionen bestimmte Gültigkeitsbereiche abgegrenzt werden (Tab. 5.)

Tab. 6. Ergebnis der Fehlerberechnung

Annahme: Der Wassergehalt wird als exakter Wert angenommen, berechnet werden die Fehler der Trocken- und Feuchtrohdichte.

Gesteinsart, Bereich der aufgetragenen Kennziffern	Trockenrohdichte ρ_t				Feuchtrohdichte ρ_f			
	Fehlerbereich	Probenanzahl n	% der Gesamtproben	Mittlerer Fehler	Fehlerbereich	Probenanzahl n	% der Gesamtproben	Mittlerer Fehler
1. Torf								
ρ_t = 0,11 – 0,31 g/cm³	± 0 – 0,01 g/cm³	33	75	0,01	± 0 – 0,03g/cm³	23	52,3	0,039
ρ_f = 0,85 – 1,10 g/cm³	± 0,01 – 0,03 ,,	9	20,4	g/cm³	± 0,03 – 0,05 ,,	10	22,7	g/cm³
w_{nt} = 2,5 – 7,5	± 0,03 – 0,08 ,,	2	4,6		± 0,05 – 0,08 ,,	7	15,9	
w_{nf} = 0,71 – 0,88					± 0,08 – 0,13 ,,	4	9,1	
	ges.	44	100			44	100	
2. Wiesenkalk								
ρ_t = 0,28 – 1,09 g/cm³	± 0 – 0,01 g/cm³	30	50,8		± 0 – 0,03 g/cm³	30	50,8	
(1 Pr. = 1,55)	± 0,01 – 0,03 ,,	16	27,1		± 0,03 – 0,06 ,,	8	13,6	
ρ_f = 1,02 – 1,62 g/cm³	∓ 0,03 – 0,06 ,,	9	15,3	0,023	∓ 0,06 – 0,09 ,,	7	11,8	0,056
(1 Pr. = 1,90)				g/cm³	± 0,09 – 0,12 ,,	8	13,6	g/cm³
w_{nt} = 0,4 – 3,1	± 0,06 – 0,15 ,,	4	6,8		± 0,12 – 0,16 ,,	3	5,1	
(1 Pr. = 0,2)					± 0,16 – 0,29 ,,	3	5,1	
w_{nf} = 0,28 – 0,76								
(1 Pr. = 0,18)								
	ges.	59	100			59	100	
3. Faulschlamm								
ρ_t = 0,17 – 0,63 g/cm³	± 0 – 0,02 g/cm³	3			± 0 – 0,06 g/cm³	2		
	± 0,02 – 0,03 ,,	1	zu geringe	0,023	± 0,06 – 0,09 ,,	2	zu geringe	0,078
ρ_f = 1,03 – 1,37 ,,	± 0,03 – 0,06 ,,	1	Probenanzahl	g/cm³	± 0,09 – 0,15 ,,	1	Probenanzahl	g/cm³
w_{nt} = 1,1 – 5,2								
w_{nf} = 0,52 – 0,84								
	ges.	5				5		
4. Organisch durchsetzter Sand und Schlick								
ρ_t = 0,74 – 1,57 g/cm³	± 0 – 0,01 g/cm³	4	36,4	0,046	± 0 – 0,05 g/cm³	4	36,4	0,081
ρ_f = 1,35 – 1,95 ,,	± 0,04 – 0,06 ,,	5	45,4	g/cm³	± 0,05 – 1,00 ,,	5	45,4	g/cm³
w_{nt} = 0,2 – 0,83	± 0,06 – 0,15 ,,	2	18,2		± 1,00 – 2,50 ,,	2	18,2	
w_{nf} = 0,17 – 0,45								
	ges.	11	100			11	100	

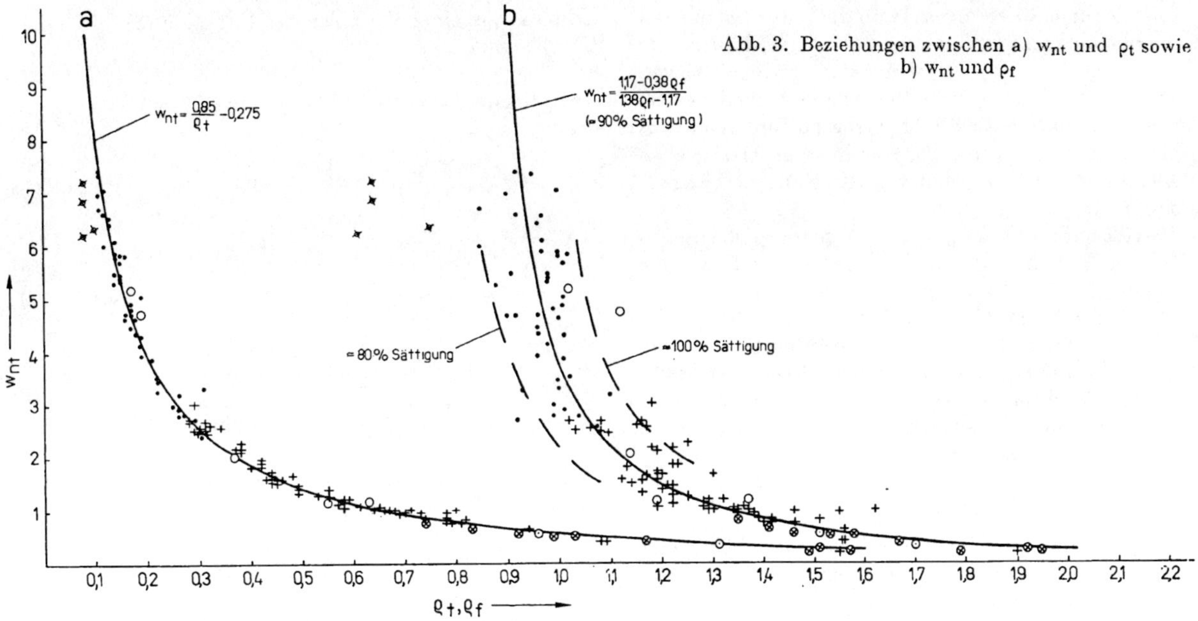

Abb. 3. Beziehungen zwischen a) w_{nt} und ρ_t sowie b) w_{nt} und ρ_f

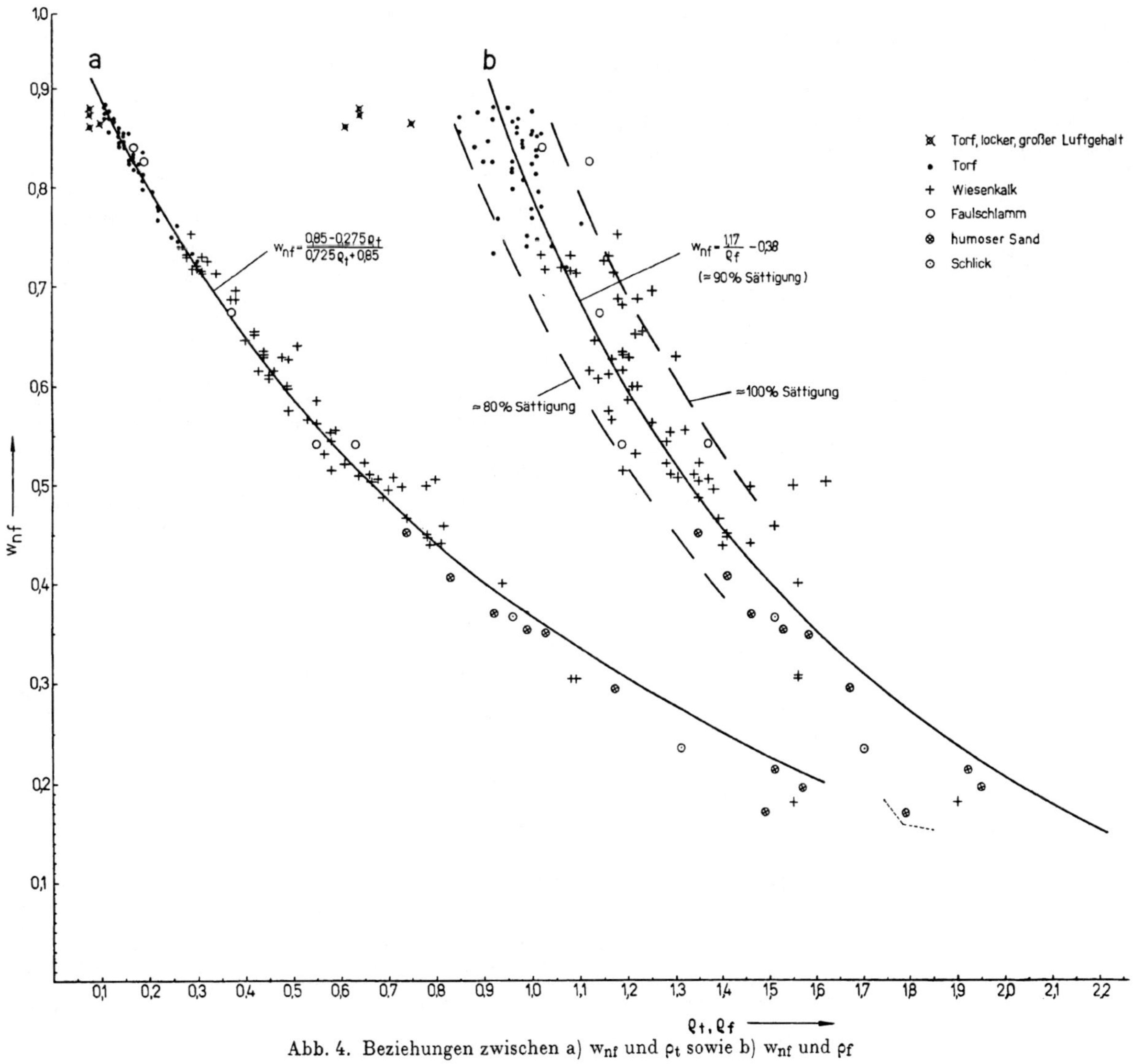

Abb. 4. Beziehungen zwischen a) w_{nf} und ρ_t sowie b) w_{nf} und ρ_f

Die für die Beziehungen Ia und Ib durchgeführten Fehlerrechnungen (der Wassergehalt wurde als bekannte Größe angenommen) ergaben nur geringe Abweichungen der eingetragenen Versuchswerte von der ermittelten Funktion für die Trockenrohdichte und etwas größere Abweichungen, aber durchaus im erträglichen Maße, für die Feuchtrohdichte (Ergebnis der Fehlerrechnung in Tab. 6).

Hierdurch ist erwiesen, daß die Annahmen, die durchgeführten Berechnungen und die daraus resultierenden Beziehungen ihre Berechtigung haben.

Durch Einsetzen der Umrechnungsformel (4a) in die Funktionen (9) und (10) ist die Darstellung der Beziehungen IIa und IIb, also die Abhängigkeit der Wasserzahl (zur Feuchtmasse berechnet) von der Trockenrohdichte und von der Feuchtrohdichte, möglich [Abb. 4, Funktionen (11) und (12)].

7. Rechnerischer Nachweis

Ausgleichung der Kennwerte Trockenrohdichte und Feuchtrohdichte durch eine ganze lineare Funktion (7) (Abb. 3, Beziehung Ic):

Auf Grund der Verteilung der Einzelwerte wurde vorausgesetzt, daß die Mittelwertfunktion eine lineare Funktion $y = a + bx$ (Ausgleichsgerade) bildet. Hierbei sind die Koeffizienten a und b noch unbekannt. Zur Ermittlung des Schnittpunktes der Geraden mit der Ordinate (Ordinatenabschnitt) a sowie des Anstiegs (Tangens) der Geraden b werden die Einzelwerte x_i und y_i summiert. Ebenso wird von dem Produkt der Einzelwerte x_i und y_i und von dem Quadrat der Einzelwerte x_i die Summe gebildet.

$\sum x_i = [x]$; $\sum x_i \cdot y_i = [x \cdot y]$ y = Trockenrohdichte ρ_t
$\sum y_i = [y]$; $\sum x_i \cdot x_i = [x^2]$ x = Feuchtrohdichte ρ_f
n = Anzahl der Einzelwerte (Wertepaare)

Im Sinne der GAUSSschen Ausgleichsforderung ist die Gerade dann am besten gelegt, wenn die Quadratsumme der Fehler in Ordinatenrichtung ein Minimum wird. Mit Hilfe der GAUSSschen Normalgleichungen ergeben sich folgende Beziehungen:

$$a = \frac{[x^2]\,[y] - [x]\,[x \cdot y]}{n\,[x^2] - [x]^2} \tag{5}$$

$$b = \frac{n\,[xy] - [x]\,[y]}{n\,[x^2] - [x]^2} \tag{6}$$

Die errechneten Werte für ρ_t und ρ_f, eingesetzt in (5) und (6):

$$a = \frac{176{,}085 \cdot 55{,}8 - 141{,}93 \cdot 75{,}916}{119 \cdot 176{,}085 - (141{,}93)^2} = -1{,}1719$$

$$\text{abgerundet} = -1{,}17$$

$$b = \frac{119 \cdot 75{,}916 - 141{,}93 \cdot 55{,}8}{119 \cdot 176{,}085 - (141{,}93)^2} = 1{,}3757$$

$$\text{abgerundet} = 1{,}38$$

Daraus ergibt sich die Gleichung der Ausgleichsgeraden: Ergebnis Ic

$$\rho_t = -1{,}17 + 1{,}38\,\rho_f = 1{,}38\,(\rho_f - 0{,}85) \rightarrow \rho_f = \frac{\rho_t}{1{,}38} + 0{,}85 = 0{,}725\,\rho_t + 0{,}85 = 0{,}725\,(\rho_t + 1{,}17) \tag{7}$$

Elimination einer Variablen der Funktion (8) durch die Funktion (7)

$$\text{(Allgemein)}\quad \rho_t = \frac{\rho_f}{1 + w} \rightarrow \rho_f = \rho_t\,(1 + w)$$

$$\rightarrow w = \frac{\rho_f}{\rho_t} - 1 = \frac{\rho_f - \rho_t}{\rho_t} \tag{8}$$

$$\text{Ergebnis Ia:}\quad w_{nt} = \frac{0{,}85}{\rho_t} - 0{,}275$$

$$\rightarrow \rho_t = \frac{0{,}85}{w_{nt} + 0{,}275}\quad \text{(Darstellung in Abb. 3)} \tag{9}$$

$$\text{Ergebnis Ib:}\quad w_{nt} = \frac{1{,}17 - 0{,}38\,\rho_f}{1{,}38\,\rho_f - 1{,}17}$$

$$\rightarrow \rho_f = \frac{1{,}17\,(1 + w_{nt})}{0{,}38 + 1{,}38\,w_{nt}}\quad \text{(Darstellung in Abb. 3)} \tag{10}$$

Elimination von w_{nt} bei den Funktionen (9) und (10) durch die Funktion (4a)

$$\text{Ergebnis IIa:}\quad w_{nf} = \frac{0{,}85 - 0{,}275\,\rho_t}{0{,}725\,\rho_t + 0{,}85}$$

$$\rightarrow \rho_t = \frac{0{,}85\,(1 - w_{nf})}{0{,}275 + 0{,}725\,w_{nf}}\quad \text{(Darstellung in Abb. 4)} \tag{11}$$

$$\text{Ergebnis IIb:}\quad w_{nf} = \frac{1{,}17}{\rho_f} - 0{,}38$$

$$\rightarrow \rho_f = \frac{1{,}17}{w_{nf} + 0{,}38}\quad \text{(Darstellung in Abb. 4)} \tag{12}$$

Zusammenfassung

Ausgehend von den wichtigsten organogenen Ablagerungen und deren bekannten ingenieurgeologischen Eigenschaften werden Untersuchungsergebnisse vorgelegt, die in den letzten Jahren im Rahmen von Probenuntersuchungen angefallen sind.

Entsprechend dem Vergleich verschiedener Kennzahlen bestehen u. a. folgende Beziehungen: Feuchtrohdichte und Trockenrohdichte, natürliche Wasserzahl und Trockenrohdichte, natürliche Wasserzahl und Feuchtrohdichte.

Die gewonnenen Erkenntnisse gestatten eine Vereinfachung der Probenahme und der Untersuchung der Proben.

Резюме

Рассматривая основные органогенные неуплотненные отложения и известные инженерно-геологические свойства, авторы излагают результаты исследований, которые проводились в последних годах на основании текущих производственных лабораторных испытаний проб.

При сопоставлении некоторых показателей выявлены следующие зависимости: объемный вес при естественной влажности от объемного веса скелета грунта, естественная влажность от объемного веса скелета грунта, естественная влажность от объемного веса при естественной влажности.

Найденные зависимости позволяют упрощения при отборе и исследовании проб.

Summary

Proceeding from the most important organic deposits and their known engineering-geological properties results obtained in the last years within the scope of investigations of test specimens are presented.

In conformity with the comparison of various indexes the following relations, amongst other things, exist: moist raw density and dry raw density, natural water index and dry raw density, natural water index and moist raw density.

The knowledge obtained permits to simplify sampling and sample analyses.

Literatur

BADEN & SEGEBERG, H.: Über die Entwässerungsbedürftigkeit der Niedermoore und die Beeinflussung ihres Wasser- und Lufthaushaltes durch Drainierung. — Z. Wasser und Boden, 12, 326—332, Bonn 1960.

MOOS, A. V.: Rutschung eines Straßendammes in einem Torfgebiet bei Sargans, Kanton St. Gallen. — Z. Straße und Verkehr, 47, 10, 513—521, Zürich 1961.

THOMAS, J.: Über die Durchführung von Mooraufnahmen in der DDR. — Z. Dtsch. Landwirtsch., 6, 458—459 u. 501—507, Berlin 1955.

TIEDEMANN, B.: Über Bodenuntersuchungen bei Entwurf und Ausführung von Ingenieurbauten. — Berlin 1952.

BORSDORF, W.: Ausgleichsrechnung und mathematische Statistik. Teil I. — Bergakademie Freiberg, Fernstudium, 1962.

Die ingenieurgeologische Detailkarte der Stadt Leipzig[1])

Ein Beitrag zur Methodik der ingenieurgeologischen Kartierung

DIETER HÄNDEL, Leipzig

Zur kartographischen Darstellung geologischer Verhältnisse wird in der ČSSR für die Zwecke der Stadtplanung seit mehreren Jahren (ŽEBERA 1947) die sogenannte Streifenmethode angewendet. In Streifen verschiedener Breite werden mehrere übereinanderliegende Sedimente dargestellt, wobei die Breite der Streifen der Tiefenlage der jeweiligen Schicht entspricht. Eine Weiterentwicklung dieser Methode wurde von PAŠEK & RYBAŘ (1961) auch im deutschen Schrifttum bekannt gemacht. Die beiden Autoren drückten durch die verschiedene Breite der Streifen die Mächtigkeit der einzelnen Ablagerungen aus. Eine abermalige Verbesserung der Methode publizierte ŠIMEK (1962). Bei ihm haben die Streifen gleiche Breite, die Mächtigkeit wurde durch eingeschriebene Zahlen kenntlich gemacht. Bisher wurde die Streifenmethode nur im Bereich der Böhmischen Masse angewendet.

Bei der ingenieurgeologischen Detailkarte der Stadt Leipzig im Maßstab 1 : 5000 wurde versucht, diese Art der Darstellung auf ein Gebiet zu übertragen, in dem bis in eine Tiefe von mehr als 40 m quartäre und tertiäre Lockergesteine anstehen, die sich überwiegend aus mehr als drei verschiedenen Gesteinsarten zusammensetzen[2]). Zunächst wurde nur das Stadtzentrum bearbeitet, da hier zur Zeit der Schwerpunkt der Bautätigkeit liegt. Zur Abrundung des geologischen Bildes wurden noch einige Gebiete bis zu 1 km Entfernung vom eigentlichen Stadtkern erfaßt, so daß das jetzt vorliegende Blatt Stadtzentrum (HÄNDEL 1962) ein Gebiet von 4,5 km² umfaßt. Infolge der Vielzahl der darzustellenden Fakten war es nicht möglich, alle erforderlichen Angaben auf einem einzigen Blatt darzustellen. Es wurden daher 5 Einzelkarten angefertigt, zu denen ein erläuternder Text gehört.

1. Dokumentationskarte

Diese Karte gibt über die Anzahl und Art der benutzten Unterlagen Auskunft. Die Darstellungsweise ähnelt der von RÖBLING & THAMM (1961). Durch verschiedene Farben wird die Tiefe der Bohrungen dargestellt. Schürfe und Sondierungen mit der Peilstange wurden nur in Einzelfällen aufgenommen, wo sie zur Klärung der geologischen Verhältnisse wichtig waren. Durch verschiedene Zeichen wird angedeutet, ob die Bohrung bzw. der Schurf von einem Geologen aufgenommen wurde, ob Angaben über den Grundwasser-

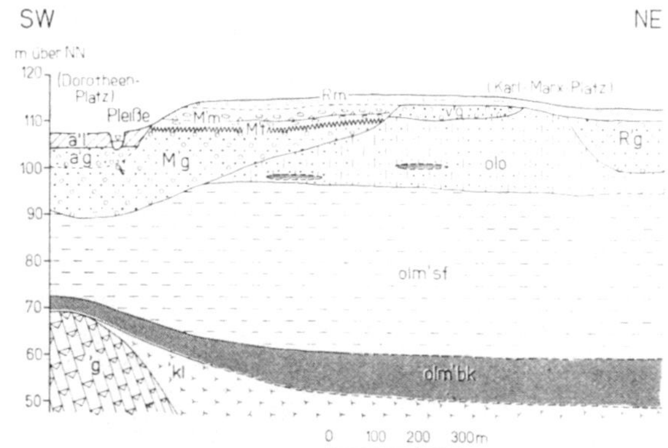

Abb. 1. Geologischer Schnitt durch das Stadtzentrum Leipzig, zum Teil etwas schematisiert (ohne Berücksichtigung menschlicher Einwirkungen wie Abtragung und Auffüllung). Erläuterung siehe Tabelle

Stratigraphische Tabelle der Ablagerungen im Stadtzentrum Leipzigs (zugleich Erläuterung zu Abb. 1)

Holozän		a'l	2—4 m	Auelehm, z. T. humos, im Tal der Parthe mit Torfeinlagerungen
		a'g	5—6 m	Flußschotter der Weißen Elster
Pleistozän	Jung- (Würm)	W'l	0,5—2,0 m	Lößlehm
	Mittel- (Riß)	R'm	2—3 m	Geschiebelehm
		R't	0,1 m	Böhlener Bänderton (nicht sicher nachweisbar)
		R'g	rd. 10 m	Flußschotter der Zwickauer Mulde
	Alt- (Mindel)	M's	0,5—1,0 m	Schmelzwassersande (nur lokal)
		M'm	3—7 m	Geschiebelehm und -mergel
		M't	0,1—0,6 m	Leipziger Bänderton
		M'g	10—15 m	Flußschotter der Weißen Elster und Saale (nach EISSMANN 1962)
	Früh-	v'g	rd. 10 m	Flußschotter der Weißen Elster und Saale (nach EISSMANN 1962)
Oligozän	Ober-	olo	rd. 20 m	Sand, z. T. mit Tertiärquarzit und Ton, z. T. mit 1 bis 3 m mächtigen Braunkohlenflözen
	Mittel-	olm'sf	rd. 40 m	Schluff, z. T. feinsandig, z. T. tonig, glaukonitisch
		olm'bk	8—10 m	Braunkohle (Böhlener Oberflöz)
Algonkium (?)		'kl	0—30 m	Kaolin
		'g	?	Grauwacke

[1]) Eingang des Manuskripts in der Redaktion: 11. 2. 1963

[2]) Für die Anregung zu dieser Arbeit und für methodische Hinweise bin ich Herrn Dr. F. REUTER, Berlin, zu Dank verpflichtet.

stand vorliegen und ob bodenphysikalische und hydrochemische Analysen angefertigt wurden. Seit 1786 wurden rund 700 Bohrungen zu den verschiedensten Zwecken im Stadtzentrum Leipzigs niedergebracht, davon wurden 300 Bohrungen von Geologen (CREDNER, PIETZSCH, HOHL u. a.) aufgenommen. An 322 ungestörten Proben aus 144 Bohrungen wurden in den Zweigstellen Naumburg und Dresden des jetzigen VEB Baugrund Berlin bodenphysikalische Untersuchungen durchgeführt. Von 28 Bohrungen liegen 31 Wasseranalysen vor, die im Hinblick auf die Betonaggressivität des Grundwassers angefertigt wurden. Außerdem wurden auf der Karte bereits begutachtete Gebiete und Trassen (72 ingenieurgeologische und 81 Baugrundgutachten) eingetragen.

2. Geologische Karte

Der alte Stadtkern von Leipzig liegt auf einer Geschiebelehmfläche und wird im Westen von der Elster-Pleißenaue und im Norden von der Parthenaue begrenzt. Einen Überblick über die geologischen Verhältnisse geben die Tabelle sowie Abb. 1. Auf der geologischen Karte sind nur die Gesteine dargestellt, die unter der — praktisch überall vorhandenen — Auffülle anstehen. Als Ergänzung der Karte dienen ein Ost—West- und ein Nord—Süd-Schnitt.

3. Baugrundkarte

Die Baugrundkarte stellt das wichtigste Blatt dar und zeigt im Gegensatz zur geologischen Karte mehrere Schichten übereinander. Sie soll dem Bauingenieur Auskunft über Mächtigkeit und Abfolge der geologischen Ablagerungen an jedem beliebigen Punkt geben.

Die im Stadtzentrum naturgemäß fast überall vorhandene Auffülle wurde nur dargestellt, wenn sie mehr als 2 m mächtig ist. 2 bis 5 m Auffülle wurden durch einfache, schräg stehende rote Schraffen, mehr als 5 m Auffülle durch gekreuzte rote Schraffen dargestellt (in der Schwarz-Weiß-Darstellung der Abb. 2 weggelassen). Durch verschiedene Häkchen an der Begrenzungslinie der Auffülle wurde wie bei ŠIMEK (1962) angedeutet, ob es sich um Aufschüttungen über dem ehemaligen Gelände oder um Zuschüttungen ehemaliger Lehm- und Sandgruben, Teiche oder ähnliches handelt. Die erste Schicht unter der Auffülle ist in Flächenfarben (auf Abb. 2 Signaturen) dargestellt, wobei die Mächtigkeit durch verschiedene Farbabstufungen (auf Abb. 2 durch verschiedene Dichte der Signaturen) zum Ausdruck gebracht wird. Um Irrtümer zu vermeiden, sind zusätzlich, ähnlich wie bei ŠIMEK (1962), Zahlen der jeweiligen Höchstmächtigkeit angegeben. Die zweite Schicht unter der Auffülle wurde in waagerechten, die dritte Schicht in senkrechten Streifen eingetragen, die im Original 3 mm breit sind und einen Abstand von 17 mm haben. In den Streifen wurden die verschiedenen Gesteinsarten und -mächtigkeiten in der gleichen Weise wie bei der ersten Schicht unterschieden.

Wie ŠIMEK (1962) bemerkte, ist es theoretisch möglich, durch die Anwendung schräger Streifen auch noch eine vierte und fünfte Schicht darzustellen, jedoch verringert diese Möglichkeit meines Erachtens die Lesbarkeit. Um auch möglichst tief liegende Schichten zu erfassen, die beim Bau von geplanten Hochhäusern wichtig sein können, wurden daher einige Schichten, die immer zusammen auftreten, zusammengefaßt (z. B. Geschiebemergel und Bänderton) und im Text und in der Legende darauf hingewiesen. Außerdem wurden verschieden alte Gesteine, die sich bodenmechanisch gleich verhalten (z. B. holozäne, mittel-, alt- und frühpleistozäne Flußschotter), nur mit einer Signatur dargestellt. Die Ablagerungen des Oberoligozäns bestehen aus einer unregelmäßigen Wechsellagerung von Sand und Ton und einzelnen Braunkohlenflözchen. Eine getrennte Darstellung wäre sehr schwierig gewesen und hätte die Karte nur unübersichtlich gestaltet. Daher wurden diese Schichten ebenfalls zusammengefaßt. Auf diese Weise war es möglich, fast sämtliche, rund 50—60 m mächtigen Lockerablagerungen darzustellen.

Im Gegensatz zu den tschechoslowakischen Karten wurde der Felsuntergrund nicht eingetragen, da er im Leipziger Stadtzentrum einheitlich aus Grauwacke besteht und wegen seiner Tiefenlage wenig Bedeutung für das Baugeschehen hat.

4. Wasserkarte

Die im Stadtzentrum Leipzigs verbreiteten pleistozänen und tertiären Sande und Kiese sind im allgemeinen grundwassererfüllt und stehen mit Ausnahme der altpleistozänen Schmelzwassersande untereinander in Verbindung. Man kann somit hydrogeologisch zwei Grundwasserstockwerke unterscheiden, das Hauptgrundwasser (Flußschotter und Tertiärsande) und das obere Grundwasser (Schmelzwassersande und Sandlinsen im Geschiebelehm = „Schichtwasser" der Baufachleute).

Auf der Wasserkarte wurden die Linien des mittleren Höchststandes des Hauptgrundwassers in Metern über NN nach GRAHMANN & PIETZSCH (1925) eingetragen, da neuere, fortlaufende Beobachtungen im Stadtzentrum nicht existieren. Aus Analogieschlüssen mit ständig beobachteten Brunnen in Vororten ist zu entnehmen, daß die angegebenen Werte auch heute noch Gültigkeit haben. Außerdem wurden auf der Karte die Gebiete mit oberem Grundwasser besonders hervorgehoben.

Die Darstellung der hydrochemischen Verhältnisse erfolgte punktförmig. Dabei wurden die wichtigsten, zur Beurteilung der Betonaggressivität erforderlichen Werte als Säulen dargestellt. Der Maßstab für die Gehalte an aggressiver Kohlensäure, Sulfat- und Magnesiumionen wurde so gewählt, daß 1 cm dem Betonaggressivitätsgrad I (= nicht aggressiv) nach TGL 11357 entspricht. Der Maßstab für die Härte, für den Abdampfrückstand und den pH-Wert wurde so angenommen, daß 1 cm etwa einem normalen Grundwasser im Leipziger Raum entspricht. Säulen, die höher als 1 cm sind, zeigen somit ein verunreinigtes und betonangreifendes Grundwasser an. Im Stadtzentrum liegt die Betonaggressivität durchweg bei Grad III bis IV (= mittel- bis stark aggressiv) nach TGL 11357, da durch die jahrhundertealte Bebauung und mehrfache Zerstörung der Stadt das Grundwasser intensiv mit Bauschutt und Rückständen aus mittelalterlichen Fäkaliengruben in Berührung gekommen ist.

Zeitschrift für angewandte Geologie (1963) Heft 8

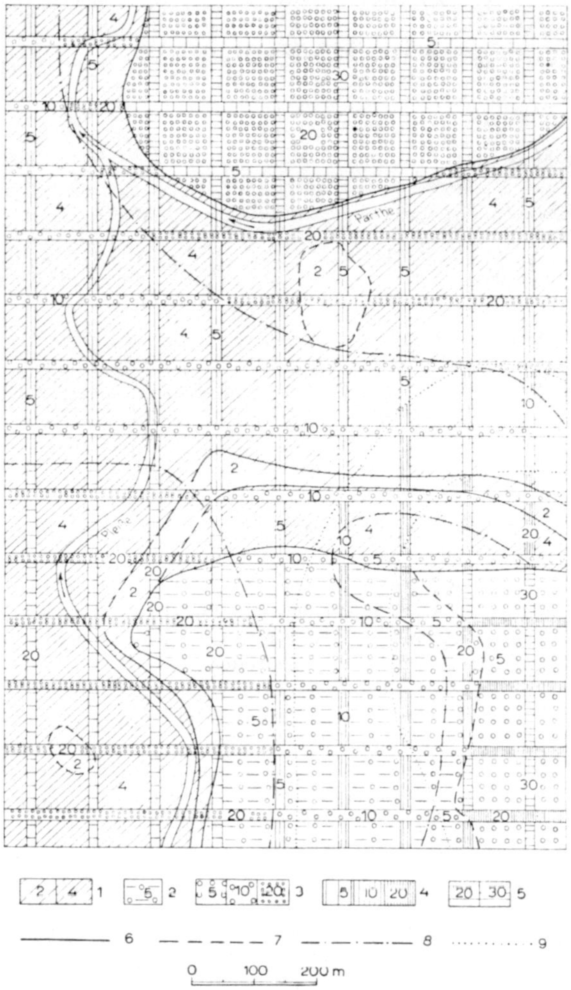

Abb. 2. Ausschnitt aus der Baugrundkarte (für den Druck etwas vereinfacht)

1 – Lehm (Auelehm), z. T. humos; 2 – Lehm, steinig (Geschiebelehm bzw. -mergel) mit Sandlinsen, an der Basis Bänderton; 3 – Kiessand, 4 – Feinsand und Ton mit 1–3 m mächtigen Braunkohlenflözen, 5 – Schluff, z. T. feinsandig, z. T. tonig; 6 – Grenze verschiedener Einheiten der 1. Schicht, sicher; 7 – dgl., wahrscheinlich; 8 – Grenze verschiedener Einheiten der 2. Schicht, wahrscheinlich; 9 – Grenze verschiedener Einheiten der 3. Schicht, wahrscheinlich; Signaturen in den Quadraten: 1. Schicht unter der Auffülle bzw. unter der Geländeoberfläche; Signaturen in den waagerechten Balken: 2. Schicht unter der Auffülle bzw. unter der Geländeoberfläche; Signaturen in den senkrechten Balken: 3. Schicht unter der Auffülle bzw. unter der Geländeoberfläche

Die Wasserkarte enthält auch alle heutigen und ehemaligen Gewässer (Flußläufe, Teiche, Stadtgraben u. ä.). Durch verschiedene Signaturen wird gezeigt, ob das Gewässer zugeschüttet ist oder ob es noch heute überwölbt oder offen fließt. Eingetragene Jahreszahlen geben den ungefähren Zeitpunkt der Verfüllung an.

5. Karte der ingenieurgeologischen Einheiten

Als Zusammenfassung der Karten 1 bis 4 und des erläuternden Textes werden in dieser Karte ingenieurgeologische Einheiten mit gleichen geologischen und hydrogeologischen Verhältnissen und somit gleicher Bebaubarkeit ausgeschieden. Die Farben dieser Einheiten wurden so gewählt, daß die Bebaubarkeit in der Reihe grün – gelb – rot abnimmt. Zur Erläuterung der Karte dient eine Tabelle, in der für jede ingenieurgeologische Einheit („Rayon") folgende Angaben aufgeführt sind: Eigenschaften der in normaler Gründungstiefe anstehenden Schicht (Mächtigkeit, Einlagerungen, Bodenklassen nach Festpreiskatalog, Zustandsform, Standfestigkeit in Baugruben, Tragfähigkeit für viergeschossige Bauten, Art der Setzungen), Tiefe des Grundwassers in Metern unter Flur, Betonaggressivität des Grundwassers sowie Mächtigkeit und Ausbildung der tiefer liegenden Schichten. Auf einer weiteren Tabelle sind die bodenphysikalischen Kennziffern als Mittelwerte für jedes Gestein eingetragen. Eine Diskussion dieser Werte ist im Zusammenhang mit weiteren Kennziffern aus dem gesamten Stadt- und Landkreis in einer späteren Veröffentlichung vorgesehen.

Zusammenfassung

Die ingenieurgeologische Detailkarte der Stadt Leipzig – Blatt Stadtzentrum – im Maßstab 1 : 5000 besteht aus Dokumentationskarte, geologischer Karte, Baugrundkarte, Wasserkarte und Karte der ingenieurgeologischen Einheiten. Die Baugrundkarte als wesentlichste Karte stellt eine Anwendung der tschechoslowakischen Streifenmethode (Pašek & Rybař, Šimek) in einem Gebiet mit rund 50 bis 60 m mächtigen quartären und tertiären Lockergesteinen dar. Die erste Schicht wird flächig, die zweite in waagerechten und die dritte in senkrechten Streifen dargestellt, wobei die verschiedenen Mächtigkeiten durch verschiedene Farbabstufungen und eingeschriebene Zahlen ausgedrückt werden.

Резюме

Инженерно-геологическая детальная карта города Лейпциг – лист центра города – масштаба 1:5000 состоит из карты фактического материала, геологической карты, карты строительного грунта, карты водных проявлений и карты инженерно-геологического районирования. Карта строительного грунта как основная карта была составлена с использованием чехословацкого метода полос (Пашек и Рыварж, Шимек) в области с четвертичными и третичными рыхлыми породами мощностю в 50–60 м. Первый слой изображается площадно, второй в горизонтальных полосах, третий в вертикальных полосах, причем различные мощности выражаются разными оттенками цвета и вписанными числами.

Summary

The engineering-geological detailed map of the centre of the town of Leipzig drawn to a scale of 1 : 5000 consists of the documentation map, geological map, subsoil map, water map and map of engineering-geological units. The subsoil map as the most essential one represents an application of the Czechoslovak strip method (Pašek & Rybař, Šimek) to an area with Quaternary and Tertiary loose material about 50 to 60 metres thick. The first layer is represented by planes, the second in horizontal and the third in vertical strips, with the different thicknesses expressed in different gradations of colour and inscribed numbers.

Literatur

Eissmann, L.: Entwicklung und Verlauf der Saale während des Alt- und Frühpleistozäns in der südwestlichen Leipziger Tieflandsbucht. – Geol., **11**, S. 41–50, Berlin 1962.

Grahmann, R. & K. Pietzsch: Erläuterungen zur Geologischen Karte von Sachsen, Blatt Leipzig. – 87 S., Leipzig 1925.

Händel, D.: Ingenieurgeologische Detailkarte der Stadt Leipzig – Stadtzentrum – im Maßstab 1:5000. – 5 Blätter und 1 vervielfältigter Textband, Hsg. vom Zentralen Geologischen Institut, Berlin 1962.

Pašek, J. & J. Rybař: Die Darstellung der ingenieurgeologischen Verhältnisse in der Karte 1:25000. – Z. angew. Geol., **7**, S. 136–139, Berlin 1961.

Röbling, I., & G. Thamm: Die ingenieurgeologische Karte der Stadt Berlin, Stadtbezirk Mitte, Maßstab 1:4000. – Z. angew. Geol., **7**, S. 198 bis 201, Berlin 1961.

Šimek, R.: Nová inženýrsko-geologická mapa v měřitku 1:5000. – Geologický průzkum, Jg. **4**, S. 211–214, Praha 1962.

Žebera, K.: Geologie v plánováni oblasti a sidlišt. – Geotechnica, Bd. 3, Praha 1947.

Prinzip und Ergebnisse ingenieur-geophysikalischer Untersuchungen

Grund- und Straßenbau und Bauwerksüberwachung, Teil I[1])

(Veröffentlichung Nr. 16 der Arbeitsstelle für Praktische Geophysik der Deutschen Akademie der Wissenschaften zu Berlin, Freiberg (Sa.), Leiter: Prof. Dr. O. MEISSER)

HEINZ MILITZER, Freiberg (Sa.)

Im folgenden soll über einige Ergebnisse komplex-geophysikalischer Untersuchungen und deren praktische Anwendung in der Bautechnik berichtet werden. Verf. beschränkt sich im wesentlichen auf jene Verfahren, die nach jahrelanger Erprobung als Teilergebnisse aus der Grundlagenforschung herausgelöst werden können und zwecks Einführung in die Praxis zur Diskussion gestellt werden.

Zweckmäßigkeit und Notwendigkeit ingenieurgeophysikalischer Arbeiten ergeben sich zwangsläufig aus der ständig wachsenden Industrialisierung, der damit allerorts verbundenen Ausweitung des Baugeschehens und der notwendigen Sicherheit, die industrielle, verkehrstechnische und wasserwirtschaftliche Großbauten fordern. Es sind im wesentlichen ökonomische Gesichtspunkte, die den Einsatz ingenieurgeophysikalischer Arbeiten bereits bei der Vorplanung und Projektierung sowie bei der Bauwerksüberwachung rechtfertigen. R. KÖHLER (1963) stellt fest, daß es im wesentlichen von der umfassenden Bearbeitung der für ein bestimmtes Bauvorhaben im Untergrund auftretenden Probleme abhängt, wieviel zusätzliche Erkundungsbohrungen mit Entnahme ungestörter Proben für weitere bodenphysikalische und bodenmechanische Untersuchungen notwendig sind. Somit steht für die angewandte Geophysik speziell das Ziel, die Anzahl notwendiger Erkundungsbohrungen und Schürfe einzuschränken, die aus Detailuntersuchungen im Labor gewonnenen Bodenkennwerte durch eine flächenhafte Kartierung physikalischer Meßgrößen durch Untersuchungen in situ zu unterstützen sowie die Ursache und mögliche Auswirkung eventueller Bauschäden rechtzeitig zu erkennen. Dieser Arbeitskomplex erfordert eine verständnisvolle kollektive Zusammenarbeit zwischen dem Bauingenieur, dem Projektanten, dem Ingenieurgeologen, dem Hydrogeologen und dem Geophysiker. Dadurch wird gleichzeitig die Voraussetzung für eine richtige Einschätzung der seitens des Bauingenieurs gestellten Aufgabe erreicht, einer Über- bzw. Unterschätzung geophysikalischer Meßergebnisse vorgebeugt und die noch bestehende scharfe Trennung der für das gesamte Baugeschehen wichtigen und notwendigen Disziplinen Geologie/Ingenieurgeologie—Bodenmechanik/Grundbau und Geophysik überwunden.

Als Aufgabe steht zunächst die Erkundung des Baugrundes. Sie ist somit artverwandt mit den aus der Erkundungsgeophysik bekannten Zielen. Zum anderen befaßt sie sich mit der Überwachung des Komplexes Bauwerk—Baugrund und erfordert zum Teil neue Arbeitsverfahren. Werden in der Erkundungsgeophysik Untersuchungsteufen bis zu einigen km angestrebt, so ist es die Aufgabe der prospektierenden Ingenieurgeophysik, Baugrund- und Grundwasserverhältnisse bis höchstens 30 m Teufe sowie mögliche Baustoffvorkommen in der Nähe größerer Bauvorhaben zu erkunden. Dabei sind es nicht nur die geringen Untersuchungsteufen, die eine angepaßte Meßmethodik erfordern, sondern vor allem die Forderung der Bauingenieure, Bodenkennwerte in die Hand zu bekommen, die eine Berechnung der Bauwerke auf eine experimentell gesicherte Grundlage stellen.

Zweifellos ist mit beiden Forderungen eine sehr komplexe Problematik verbunden, die vor allem in den sachlichen Beziehungen zwischen geophysikalischen Meßwerten und den Ergebnissen der herkömmlichen baugrund- und bodenmechanischen Untersuchungsmethoden begründet ist. Bekanntlich ist es Aufgabe der angewandten Geophysik, wie bei einer Art Materialprüfung durch das Ausmessen von Feldstörungen (ΔF) oder „Anomalien" Rückschlüsse auf die geologische Beschaffenheit des Untergrundes zu ziehen. Die Intensität einer solchen Feldstörung ist nach MEISSER (1943) gegeben durch

$$\Delta F \approx \frac{\text{Diff. d. phys. Bodenkonstanten} \cdot \text{Mächtigkeit der Einlagerung}}{(\text{Tiefe der Einlagerung})^n}$$

$$\text{mit } 1 \leqq n \leqq 4.$$

Damit sind für nahezu alle geophysikalischen Aufschlußverfahren die Einsatzmöglichkeit und Grenze der Leistungsfähigkeit vorgeschrieben. Die Feldstörung ΔF muß so groß sein, daß sie noch sicher erfaßbar und zu deuten ist. Das bedingt einmal einen hinreichend großen Unterschied in den physikalischen Konstanten geologischer Einlagerungen gegenüber dem Nebengestein, und es müssen andererseits Größe und Tiefenlage des Vorkommens eine genügende physikalische Wirkung an den Beobachtungsstellen hervorrufen. Bautechnisch sind nun einmal Einlagerungen von so geringer Mächtigkeit von Interesse, daß die dadurch bewirkte Verringerung der Feldstörung auch nicht durch die geringe Tiefenwirkung kompensiert wird. Zum anderen erfordert die Bestimmung geringer Lagerungstiefen eine Meßgenauigkeit, die häufig bis an die technische Leistungsgrenze heranreicht. Dadurch scheiden nach dem heutigen Entwicklungsstand all die geophysikalischen Aufschlußverfahren auch für prospektierende ingenieurgeophysikalische Arbeiten aus, deren Meßwert wie in der Gravimetrie und Magnetik als Summeneffekt nicht trennbarer Einzelursachen auf-

[1]) Eingang des Manuskripts in der Redaktion: 20. 2. 1963

Als Vortrag gehalten am 7. 2. 1963 vor der Sektion für praktische Geologie und angewandte Geophysik bei der Klasse für Bergbau, Hüttenwesen und Montangeologie der Deutschen Akademie der Wissenschaften zu Berlin

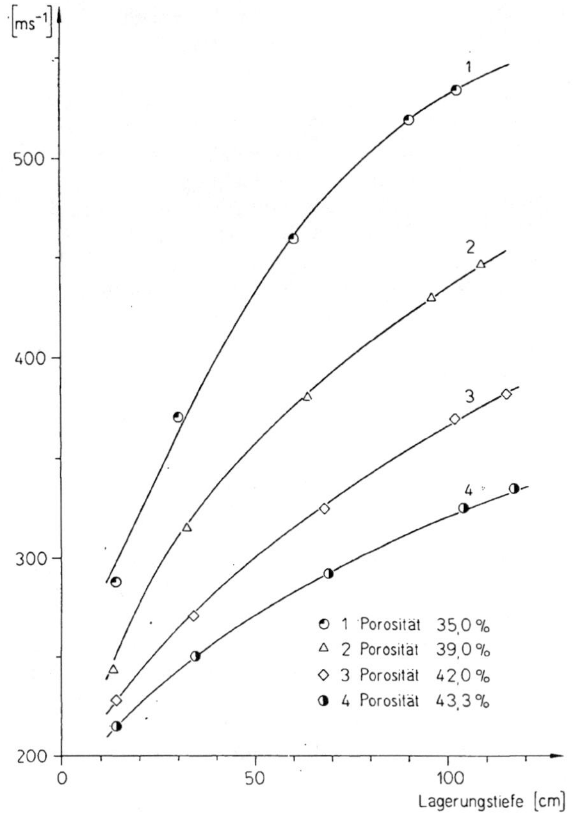

Abb. 1. Abhängigkeit der Geschwindigkeit v ($m\,s^{-1}$) von der Lagerungstiefe h (cm) für Porositäten von 35,0 bis 43,3% (gemessen von J. SCHÖN)

zufassen ist. An die Verfahren, die einzelne Schichten erfassen, wie Seismik und Geoelektrik, werden höchste Anforderungen bezüglich des „Auflösungsvermögens" gestellt, d. h. an das Vermögen, auch geringmächtige Schichten und bautechnisch interessierende Einzelheiten des Untergrundes deutlich voneinander zu trennen. Dabei erfolgt z. B. in der Seismik eine Gliederung des Untergrundes nach den verschiedenen Ausbreitungsgeschwindigkeiten elastischer Wellen, in der Geoelektrik nach den verschiedenen elektrischen Leitfähigkeiten der einzelnen Schichten, und es scheint zunächst nur ein sehr verborgener Zusammenhang zwischen den geophysikalisch diskutierten Meßwerten und den Kenngrößen zu bestehen, die der Bauingenieur im Gelände und Labor ermittelt, an die er sich gewöhnt hat und die sich auch in der Praxis bewährt haben. Es ist eben üblich, rollige Böden nach der Lagerungsdichte, Korngröße, Kornform und dem Wassergehalt zu beurteilen, und es hat sich bewährt, die Festigkeit des Bodens aus der Druckporenzifferlinie, der Verdichtungs- und Schwellinie abzuleiten. Die damit verbundene Problematik ist bekannt, sie erhöht sich noch um ein Vielfaches bei der Beurteilung bindiger Böden und besteht genauso bei der Kennwertbestimmung an Festgesteinen. Es wäre vermessen, zu behaupten, die Geophysik könne auch nur in absehbarer Zeit all die notwendigen, aber mühsamen Untersuchungsverfahren im Gelände, die Ramm- und Drucksondierungen, die Entnahme ungestörter Bodenproben und die dadurch möglichen bodenmechanischen Laboruntersuchungen ersetzen. Unser Ziel liegt vielmehr darin, gemeinsam die Problematik zu erfassen, schrittweise den Weg zueinander zu finden und ein angemessenes Verhältnis zwischen den notwendigen herkömmlichen Untersuchungsverfahren und der Möglichkeit geophysikalischer Hilfe zu erarbeiten. Unter diesem Gesichtspunkt sollen auch die folgenden Ausführungen stehen, die keineswegs den Anspruch erheben, die Ingenieurgeophysik umfassend darzustellen, sondern im wesentlichen auf Untersuchungsergebnissen aufbauen, die z. T. in jahrelanger kollektiver Kleinarbeit am Institut für Angewandte Geophysik der Bergakademie Freiberg und der Arbeitsstelle für Praktische Geophysik, Freiberg, der Deutschen Akademie der Wissenschaften unter der Leitung von Prof. Dr. O. MEISSER erzielt werden konnten.

Die ersten Versuche, bautechnisch verwertbare Kennziffern aus geophysikalischen Meßwerten abzuleiten, gehen auf die verdienstvollen Arbeiten der DEGEBO (Deutsche Gesellschaft für Bodenmechanik) in den 30er Jahren zurück. Dabei wurde der Boden mittels tonnenschwerer Exzentermaschinen zu erzwungenen Schwingungen angeregt, aus der Dispersionskurve der Oberflächenwellen die Schichtung des Untergrundes abgeleitet, die Dämpfung und Absorption zahlreicher Böden bestimmt, und es sollte unter anderem ein Zusammenhang zwischen der Ausbreitungsgeschwindigkeit elastischer Oberflächenwellen und der zulässigen Bodenpressung hergestellt werden. Nach dem heutigen Erkenntnisstand wissen wir, daß diese Verbindung nicht so

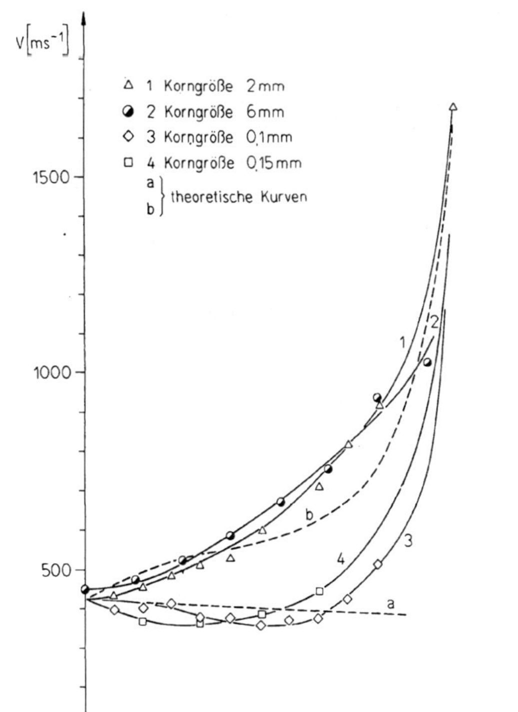

Abb. 2. Geschwindigkeit v ($m\,s^{-1}$) als Funktion des Sättigungsgrades (%) bei einem Druck von 150 p cm^{-2} und einer Porosität von 40% (J. SCHÖN 1963)

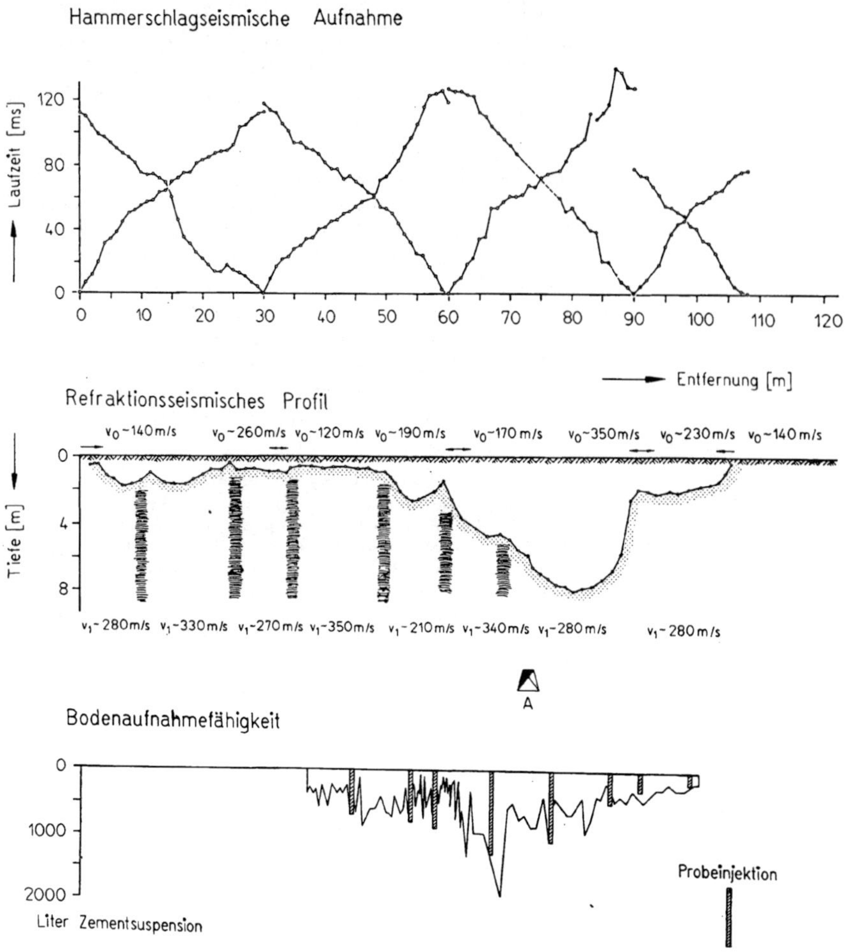

Abb. 3. Untersuchungsergebnis hammerschlagseismischer Messungen in Heidesanden. Vergleich mit dem Verbrauch an Verpressungssuspension (1)

A: durch Bohrarbeiten aufgeschlossener, verbrochener Stollen (nach O. MEISSER & H. MILITZER 1962)

größen < 1 mm erst bei relativ hohen Wassergehalten bemerkbar.

Dieser wohl durchsichtige, aber doch recht komplizierte Zusammenhang zwischen der Ausbreitungsgeschwindigkeit elastischer Wellen und der Dichte, Porosität, Wasserführung usw. läßt bis zur Zeit noch keinen Rückschluß auf die zulässige Bodenpressung oder zu erwartende Setzungen aus seismisch ermittelten Parametern zu. Deshalb liegt bei dem augenblicklichen Erkenntnisstand das Hauptanwendungsgebiet seismischer Untersuchungen auf Lockerböden in der Erkundung bautechnisch interessierender Strukturelemente und in der Überprüfung der Homogenität des Untergrundes. Als Beispiel sei das Ergebnis hammerschlagseismischer Untersuchungen in pleistozänen Heidesandablagerungen angeführt.

Aus Abb. 3 ist der Verlauf eines refraktionsseismisch nachgewiesenen Horizonts zu erkennen, und es sind unter Einbeziehen der geologischen Situation zugleich bedingte Rückschlüsse über wechselnde Porositätsverhältnisse auf Grund der horizontalen Geschwindigkeitsänderungen v (m/s) möglich. Diese Schlußfolgerung wird direkt zu ziehen ist. Die Schwierigkeiten, die der Lösung dieser Aufgabe entgegenstehen, ergeben sich im wesentlichen daraus, daß die Ausbreitungsgeschwindigkeit elastischer Wellen in Lockergesteinen durch mehrere Parameter, durch die Porosität und die Art der Porenfüllung sowie von der Lagerungstiefe und dem Bindemittel beeinflußt wird.

Bei seismischen Laboruntersuchungen an synthetischen, trockenen Lockergesteinsproben mittels Ultraschall fanden MEISSER & SCHÖN eine Abhängigkeit zwischen der Ausbreitungsgeschwindigkeit elastischer Wellen und der Lagerungstiefe, wie sie aus Abb. 1 ersichtlich ist.

Zweifellos ist die Porosität der Parameter, der die Geschwindigkeit am meisten beeinflußt. Wir wissen, und Abb. 1 bestätigt erneut, daß die Ausbreitungsgeschwindigkeit elastischer Wellen mit steigender Porosität abnimmt. Dies gilt für trockene, ungesättigte und gesättigte Medien. Der Einfluß der Wasserführung macht sich nach Untersuchungen von MEISSER & SCHÖN zumindest für Korn-

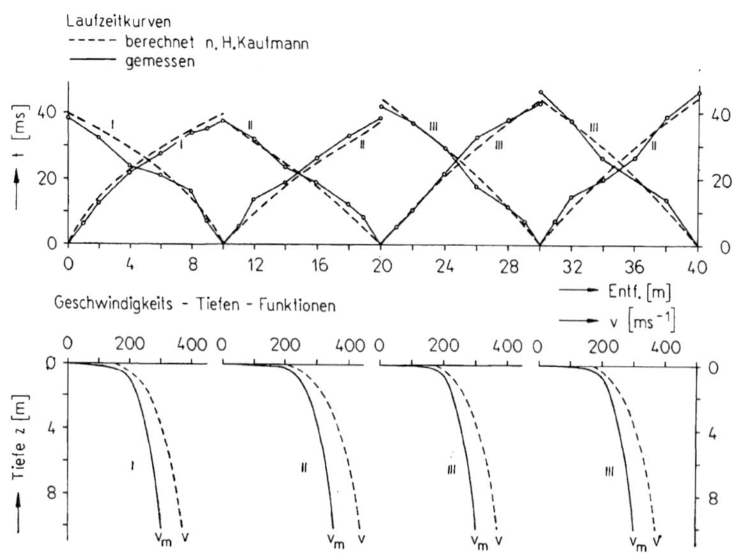

Abb. 4. Experimentell und theoretisch ermittelte Laufzeitkurven aus schlagseismischen Aufnahmen auf einer Deichkrone einschließlich berechneter Geschwindigkeits-Tiefenfunktionen (gemessen von PHILLIP, berechnet von OELSNER, zitiert bei O. MEISSER, G. MILDE, H. GAST, CH. OELSNER 1962)

durch den Vergleich der seismischen Ergebnisse mit dem Verbrauch an Verpressungssuspension bei später durchgeführten Bodenvergütungsarbeiten bestätigt. Dabei konnte gleichzeitig an dem Punkt A in einer Teufe von ~ 20 m ein ehemaliger Stollen nachgewiesen werden, mit dessen Zubruchgehen die aus Abb. 3 ersichtliche trichterförmige Auflockerung der Hangendschichten verbunden war (MEISSER & MILITZER 1959–1961).

Dieses Teilergebnis zeigt deutlich die Möglichkeit, daß die Geophysik durch die flächenhafte Kartierung einmal erfaßter Horizonte wesentlich mit dazu beitragen kann, z. B. die Erarbeitung ingenieurgeologischer Karten zu unterstützen und ökonomischer zu gestalten.

Bekanntlich werden seit Jahren zielstrebige Anstrengungen unternommen, für solche Gebiete ingenieurgeologische Karten herzustellen, in denen größere Bauvorhaben geplant oder möglich sind. Dabei spielt die Tiefenbestimmung des tragfähigen Baugrundes eine entscheidende Rolle, und es interessieren oft Schichten, die außerhalb der Reichweite der normalen Handsondiergeräte liegen (R. HOHL 1960, R. KÖHLER 1959/1960). Für diese Aufgaben bieten sich die seismischen

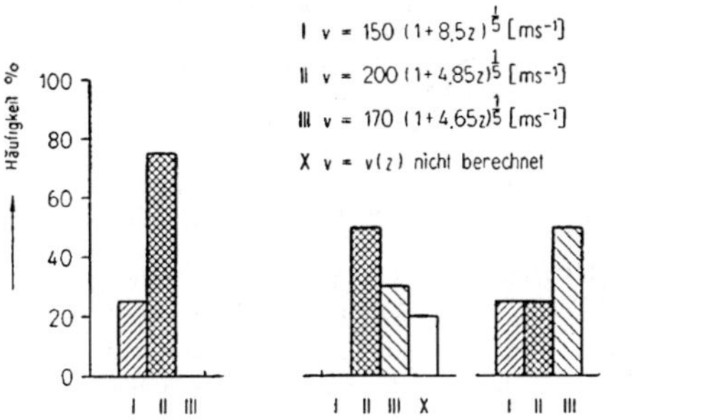

Abb. 5. Verteilung der Geschwindigkeits-Tiefenfunktion $v = v_0 (1 + az)^{1/K}$ I–III an Deichbauten (berechnet von OELSNER)

v_0 = Anfangsgeschwindigkeit; z = Tiefe (m), a und k frei verfügbare Parameter

Verfahren besonders an. Da Lockerböden aber oft keine geologisch oder physikalisch definierten Schichtgrenzen aufweisen, führt häufig erst das Zusammenspiel mehrerer geophysikalischer Untersuchungsmethoden in Verbindung mit geologischen und bodenmechanischen Arbeiten zum Ziel. Dabei muß die Interpretationstechnik häufig alte, bewährte Wege verlassen und neue, dem Objekt angepaßte Aussagemöglichkeiten suchen.

Die Abb. 4 läßt in ihrem oberen Teil Laufzeitkurven erkennen, wie sie für schlagseismische Aufnahmen auf Lockerböden charakteristisch sind. Es treten keine definierten Knickpunkte auf, die auf das Vorhandensein von Schichtgrenzen hinweisen. Dafür lassen unregelmäßige Neigungsänderungen kleinere Inhomogenitäten auch schon auf kurze Entfernungen wirksam erscheinen. Dennoch zeigt ein Vergleich theoretisch berechneter Laufzeitkurven mit den im Gelände experimentell aufgenommenen, daß selbst solch unregelmäßig aufgebaute Objekte wie künstliche Dammschüttungen eine seismische Systematik erkennen lassen und zumindest eine statistische Gliederung rechtfertigen (vgl. Abb. 5).

Für eine reine Homogenitätsüberprüfung von Lockerböden kann eine solche „Typenbetrachtung" oft schon hinreichend sein. Plötzliche Typenveränderungen deuten auf Orte, an denen zusätzliche Punktuntersuchungen notwendig sein können. Dafür kommen seitens der Geophysik neben den geoelektrischen Verfahren vor allem radiometrische Dichte- und Wassergehaltsbestimmungen in Frage. Nach dem heutigen Entwicklungsstand können Raumgewichts- und Feuchtigkeitsbestimmungen mit radiometrischen Verfahren von der Erdoberfläche bis zu den Sohlen der Tief-

Abb. 6. Volltransistorisierter, durch Batterie gespeister Meßplatz zur Bestimmung der Dichte und des Wassergehaltes im Feldbetrieb [aus: Geoph. Prosp. 10 (1962) 4, Werbeprospekt]

bohrungen und einer Genauigkeit von 1 bis 3% durchgeführt werden (K. H. EIFE 1959). In zahlreichen Ländern, in der UdSSR, in den USA und in Westdeutschland, befinden sich diese Verfahren auch schon seit Jahren im praktischen Einsatz (Abb. 6).

Auf dem internationalen Markt werden volltransistorisierte und batteriegespeiste Meßplätze mit einem Auflösungsvermögen bis zu 500 kHz angeboten. Auch in der DDR befinden sich ansprechende Konstruktionen in der Entwicklung. Dennoch konnte über einige wenige Einzelversuche hinaus das leistungsfähige Verfahren noch nicht in die Praxis des Bauingenieurs eingeführt werden.

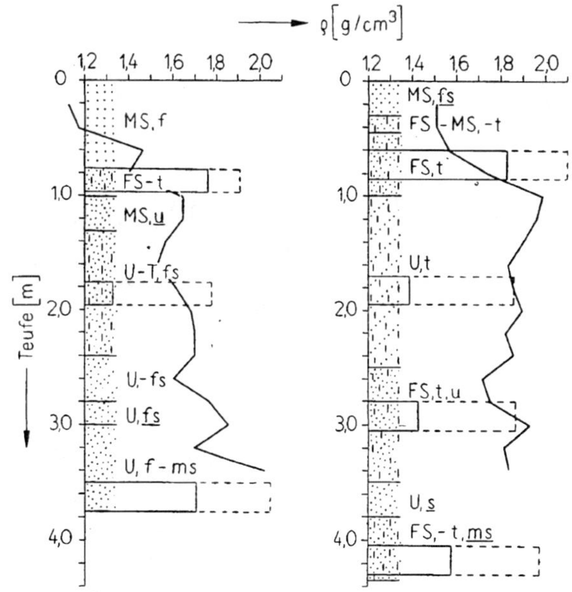

Abb. 7. In Bohrungen radiometrisch und an ungestörten Bodenproben ermittelte Dichteverteilung längs einer Deichkrone (O. MEISSER u. a. 1962). Radiometrisch gemessen von H. GAST, Trocken- und Feuchtraumdichten nach Angaben des Zentralen Geologischen Instituts

1 – Trockenraumdichte der entnommenen ungestörten Bodenproben, 2 – Feuchtraumdichte der entnommenen ungestörten Bodenproben, 3 – Meßergebnisse der γ-γ-Dichtebestimmungen, 4 – Feinsand, 5 – Mittelsand, 6 – Schluff, 7 – Ton

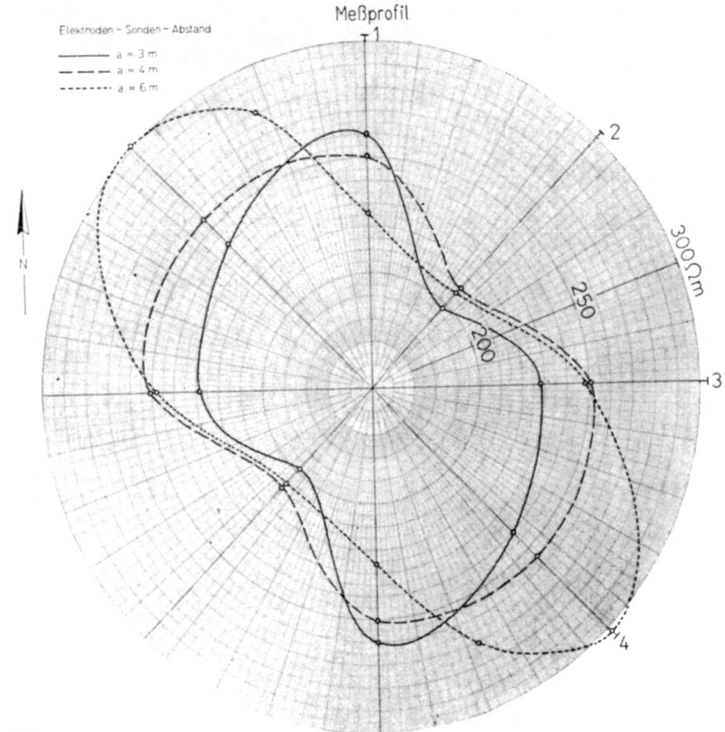

Abb. 8. Geoelektrische Drehsondierungen nach Wenner mit Elektroden-Sonden-Abständen a = 3 m, 4 m und 6 m in der Baugrube eines projektierten Schornsteins (aus O. Meisser, H. Militzer, G. Porstendorfer 1957)

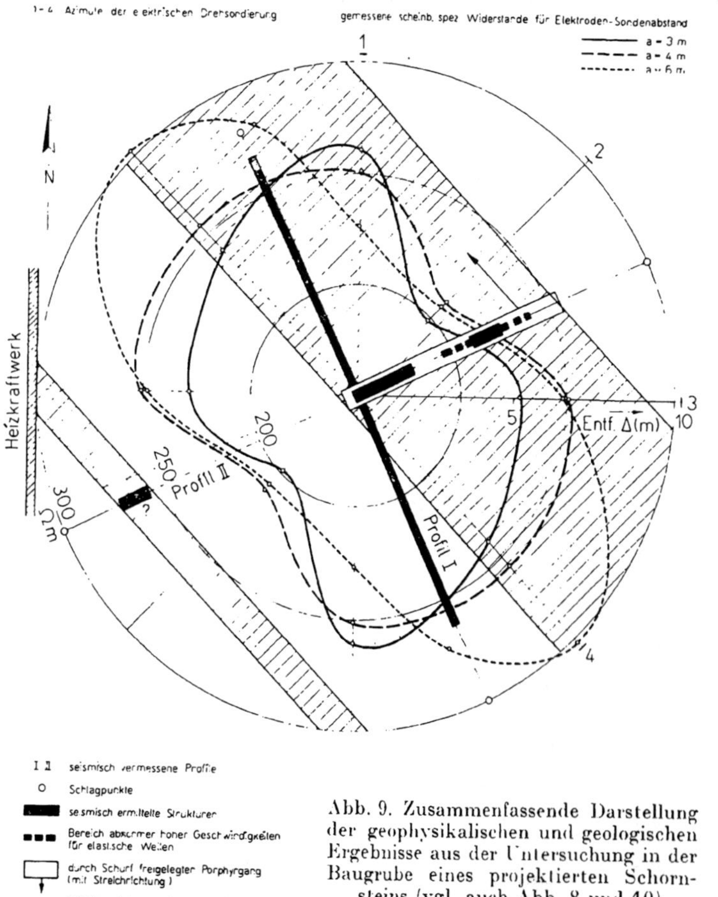

Abb. 9. Zusammenfassende Darstellung der geophysikalischen und geologischen Ergebnisse aus der Untersuchung in der Baugrube eines projektierten Schornsteins (vgl. auch Abb. 8 und 10)

Die vom Institut für Angewandte Geophysik der Bergakademie Freiberg an den obenerwähnten Deichen nach dem γ-γ-Verfahren durchgeführten radiometrischen Untersuchungen zeigen erneut, daß sie die mühselige und oft stark fehlerbehaftete Dichtebestimmung an ungestörten Bodenproben ersetzen und in Verbindung mit seismischen Messungen die Anzahl bodenmechanischer Untersuchungen wesentlich einschränken können. Dies gilt für den gesamten Grund- und Straßenbau, für die Homogenitätsüberprüfung von Schüttungen, für die Untersuchung der Standfestigkeit von Kippen und zeigt gleichzeitig die Möglichkeit einer Nutzanwendung in der Landwirtschaft zur Klassifizierung des Bodens, der Bewässerungswürdigkeit und dergleichen.

Trotz dieser Erfolge darf dennoch nicht übersehen werden, daß die Untersuchung von Lockerböden immer einen besonders schwierigen Aufgabenbereich der angewandten Geophysik darstellen wird. Deshalb muß sich die Grundlagenforschung auch weiter intensiv damit befassen, wie z. B. die Geschwindigkeit, Absorption und Dämpfung elastischer Wellen, die seismisch bestimmbare Poissonzahl und die elektrische und thermische Leitfähigkeit mit bautechnisch geeigneten Kennziffern in Verbindung gebracht werden können. Gleiches gilt grundsätzlich auch für den Einsatz geophysikalischer Verfahren auf bindigen Böden, die bodenmechanisch zweifellos noch schwieriger zu beurteilen sind als nichtbindige.

Die Anwendbarkeit geophysikalischer Untersuchungsmethoden auf bindigen Böden wird jedoch, durch verschiedene Fakten bedingt, erleichtert. Im Gegensatz zu den rolligen Böden besitzen die bindigen oft definierte Schichtgrenzen und rechtfertigen somit den Einsatz aller prospektierenden ingenieurgeophysikalischen Verfahren. Dabei begünstigt eine hohe Ionenleitfähigkeit die geoelektrische Untersuchungstechnik mittels Potentialmethoden, und das geringe Absorptionsvermögen für elastische Wellen sichert meist gute Bedingungen für die Anwendung der seismischen Verfahren.

Als Beispiel soll das Ergebnis einer komplexen Untergrunderkundung dienen, die im Bereich eines projektierten Schornsteins erfolgte, der bei einer Gesamthöhe von 120 m im Lehm über Freiberger Gneis gegründet werden sollte.

Durchgeführte geoelektrische Drehsondierungen nach Wenner mit Elektrodensondenabständen a = 3 m, 4 m und 6 m erbrachten Widerstandskurven mit einer ausgeprägten Richtungscharakteristik, die nur zum Teil durch die Schieferung des Freiberger Gneises erklärt werden konnte und zum anderen das Vorhandensein einer hochohmigen Einlagerung vermuten ließ. Aus hammerschlagseismischen Aufnahmen ergaben sich teils diffizile Laufzeitkurven, die, unter verschiedenen Gesichtspunkten ausgewertet, gangförmige Einlagerungen sowie horizontale Geschwindigkeitsänderungen erkennen ließen und widerspruchslos in den geoelektrischen Befund eingeordnet werden konnten. Ein angelegter Schurf stieß in einer Teufe von etwa 3 m unter Gründungssohle auf einen Quarzporphyrgang und bestätigte somit die geophysikalisch vermutete Inhomogenität.

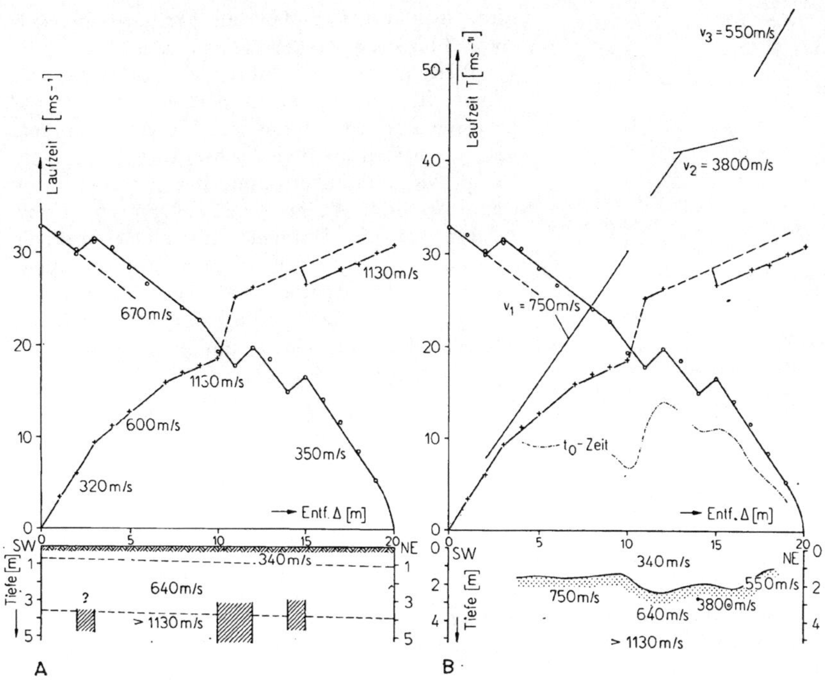

Abb. 10. Laufzeitkurven einer hammerschlagseismischen Aufnahme einschließlich deren Interpretation, aufgenommen in der Baugrube eines projektierten Schornsteins (nach O. MEISSER u. a. 1957) A: ausgewertet nach Knickpunktverfahren; B: nach t_0 — Zeitverfahren

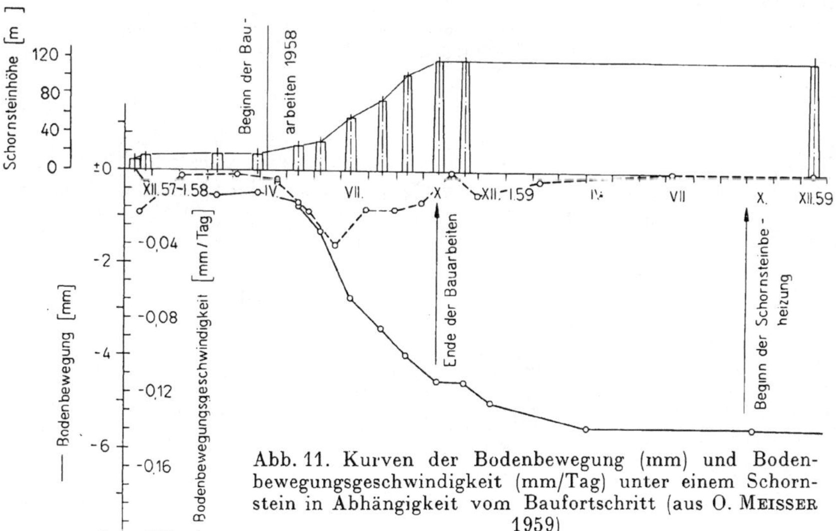

Abb. 11. Kurven der Bodenbewegung (mm) und Bodenbewegungsgeschwindigkeit (mm/Tag) unter einem Schornstein in Abhängigkeit vom Baufortschritt (aus O. MEISSER 1959)

Konnte auch in diesem Falle durch eine eingehende Analyse des geophysikalisch-geologischen Befundes rechtzeitig möglichen Bauschäden oder notwendigen Fundamentkorrekturen vorgebeugt werden, so kommt dennoch der Überwachung des fertigen Bauwerkes auf Setzungen eine große Bedeutung zu. In hervorragendem Maße hat sich dabei die Schlauchwaage bewährt, die nach O. MEISSER heute volltransistorisiert und mit elektrischer Anzeige auch für den ungeübten Beobachter in ihrer vollen Genauigkeit auszunutzen ist. Mit einer Genauigkeit von 0,01 mm übertrifft sie die optischen Präzisionsnivellements um das Mehrfache einer Zehnerpotenz, läßt somit bereits in sehr kurzer Zeit mögliche Bewegungstendenzen erkennen und sichert gegebenenfalls rechtzeitig notwendige Gegenmaßnahmen. Dabei ist es zweckmäßig, die Überwachung nicht erst nach Fertigstellung des Bauwerkes, sondern bereits unmittelbar nach Baubeginn vorzunehmen. Nur dann kann eindeutig entschieden werden, ob die unter jedem Bauwerk auftretenden Setzungen ausschließlich durch die aufgebrachte Auflast oder zusätzlich durch Unregelmäßigkeiten im Baugrund beeinflußt werden (Abb. 11).

Aus der Abb. 11 ist ersichtlich, daß der unter einem Schornstein erfaßte Setzungsvorgang ausschließlich durch die aufgebrachte Auflast bedingt und natürlich ist, da die Setzungsgeschwindigkeit (mm/Tag) schon bald nach Bauabschluß gegen Null zustrebt.

An Hand der vorliegenden Beispiele sollte nach dem gegenwärtigen Entwicklungsstand gezeigt werden, daß bei der Untersuchung rolliger und bindiger Böden, mit Ausnahme der radiometrischen Verfahren, das Hauptanwendungsgebiet komplex-geophysikalischer Arbeiten in der Strukturerkundung des Baugrundes liegt. Dagegen ist eine Kennwertbestimmung in

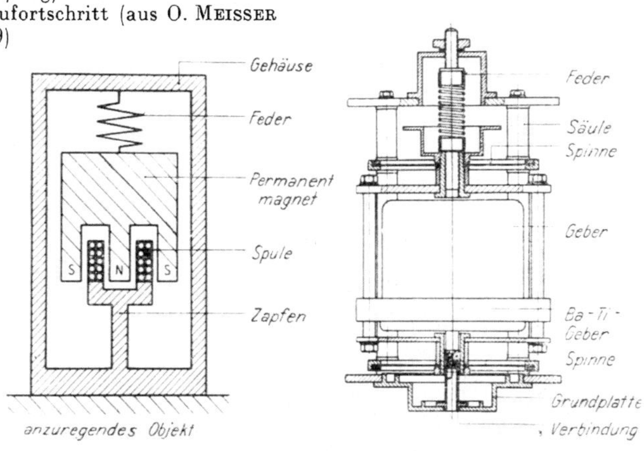

Abb. 12. Schematische Darstellung eines elektrodynamischen Bodenvibrators und technische Durchbildung im Teilschnitt (entwickelt am Institut für Angewandte Geophysik der Bergakademie Freiberg und der Arbeitsstelle für Praktische Geophysik, Freiberg)

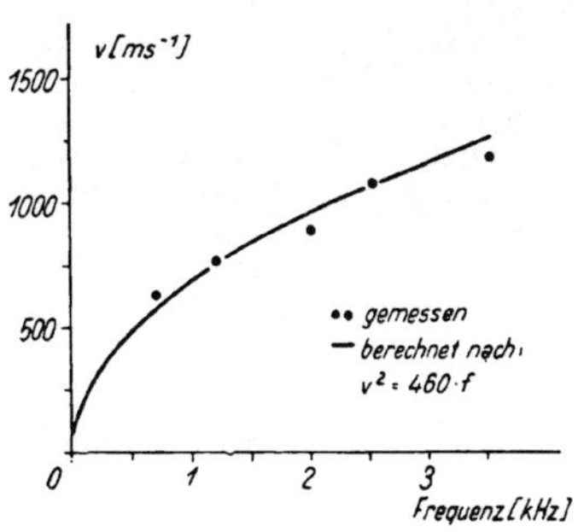

Abb. 13. Dispersionskurve einer Biegewelle aus Vibratormessungen auf Eis, gemessen von P. HABERLAND (aus O. MEISSER & P. HABERLAND 1962 und H. MILITZER 1963)

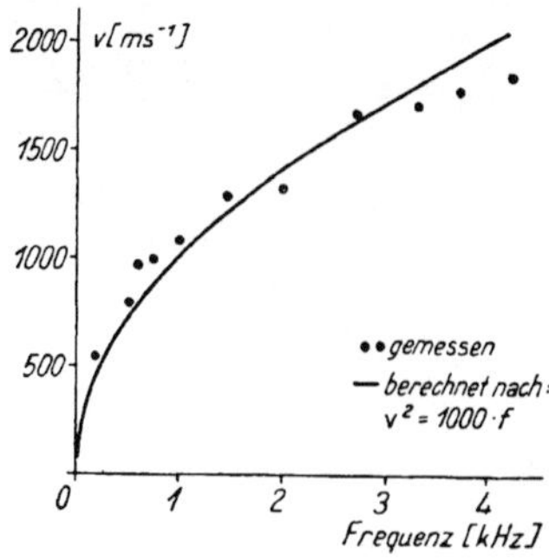

Abb. 15. Dispersionskurve nach Vibratormessungen auf einer Autobahnplatte (gemessen von P. HABERLAND)

situ bei entsprechenden Arbeiten auf Festgestein, Straßen- und Betondecken sowie an Großfundamenten wesentlich günstiger zu beurteilen. Dabei hat sich die Vibratortechnik außerordentlich gut bewährt, die in den letzten Jahren auf Anregung von O. MEISSER am Institut für Angewandte Geophysik, Freiberg, und der Arbeitsstelle für Praktische Geophysik, Freiberg, der Deutschen Akademie der Wissenschaften entwickelt und in der Praxis umfassend erprobt wurde. Die verhältnismäßig wenig bekannte Untersuchungstechnik sei im folgenden kurz im Prinzip dargestellt (vgl. dazu Abb. 12).

Vibratoren können elektrodynamische Wechselkraftgeber sein, deren Spule S frei beweglich in längsaxialer Richtung schwingt und sich im Luftspalt eines Permanentmagneten M befindet. Der von einem Tonfrequenzgenerator erzeugte und über einen Kraftverstärker durch die Spule geleitete Wechselstrom regelbarer Frequenz und Amplitude bewirkt in der Spule eine Wechselkraft, die über einen Zapfen Z auf das anzuregende Objekt O übertragen wird. Das System kann mit Frequenzen im Bereich von 20 bis 10000 Hz periodisch oder auch impulsförmig betrieben werden, wiegt insgesamt 18 kg und besitzt somit eine Reihe beachtenswerter Vorteile gegenüber den bekannten Schwingmaschinen, die durchweg mehrere 100 kg wiegen und aus konstruktiven Gründen nur Erregerfrequenzen von 3 bis maximal 100 Hz zulassen.

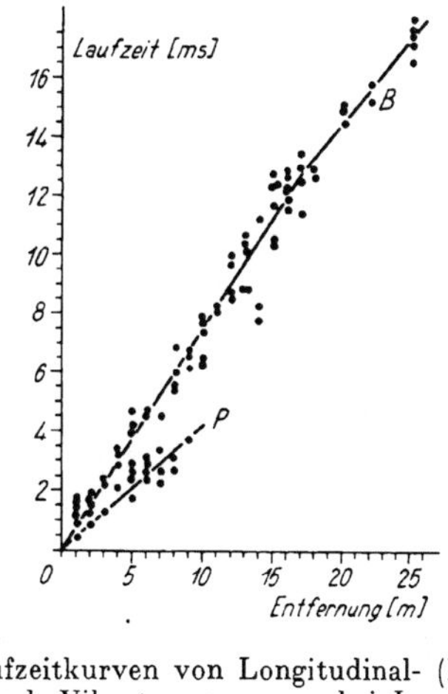

Abb. 14. Laufzeitkurven von Longitudinal- (P) und Biegewellen (B) nach Vibratormessungen bei Impulsbetrieb auf Eis (Anregungsfrequenz 2 kHz) (gemessen von P. HABERLAND)

Werden bei impulsförmiger Anregung die Laufzeiten erster und späterer Phasen gemessen und daraus elastische Werte berechnet, so lassen sich bei periodischer Anregung bevorzugt die Phasenlaufzeiten der vom Vibrator abgestrahlten Wellen ermitteln. Sofern es sich dabei um die Untersuchung plattenförmiger Gebilde, geringmächtiger Schichten, Straßendecken u. dgl., handelt, treten bevorzugt Biegewellen auf, die bekanntlich anomale Dispersion zeigen, d. h., die Geschwindigkeit nimmt umgekehrt proportional mit der Wellenlänge zu.

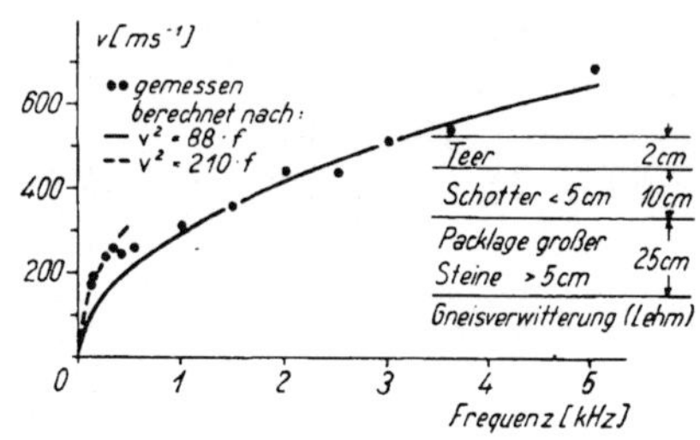

Abb. 16. Dispersionskurve aus Vibratormessungen auf einer mehrschichtig gegliederten Straße (gemessen von P. HABERLAND)

Die Dispersionskurve einer Biegewelle läßt sich in erster Näherung durch eine Parabel nachstehender Form angleichen:

$$v_B^2 = \left[4\pi^2 N\right]^{1/2} \cdot f \qquad \text{mit } N = \frac{E \cdot H^2}{12\,\rho\,(1-\sigma^2)}$$

Dabei bedeuten

v_B = Phasengeschwindigkeit der Biegewelle
E = Elastizitätsmodul der Platte
H = Plattenstärke
ρ = Dichte der Platte
f = Anregungsfrequenz
σ = Poissonzahl der Platte

Eine Verwechslung mit anderen Wellentypen ist nicht möglich, da Raumwellen keine Dispersion zeigen und Oberflächenwellen in geschichteten Medien normal dispergieren. Andererseits bietet die Aufnahme der Dispersionskurve von Biegewellen an plattenförmigen Gebilden die Möglichkeit, entweder unter Kenntnis der Dichte, der Poissonzahl und des E-Moduls, deren Stärke oder viel wichtiger, bei bekannter Stärke, deren E-Modul in situ gut angenähert zu bestimmen. Dabei wirken sich Fehler in der Dichtebestimmung wegen $\sqrt[4]{\rho}$ nur untergeordnet aus, und Fehler, die auf eine ungenaue Abschätzung der Poissonzahl zurückzuführen sind, überschreiten für den interessierenden Bereich kaum 10%. Gelingt es zudem, außer der Biegewellengeschwindigkeit v_B bei periodischer Anregung noch die Longitudinalwellengeschwindigkeit v_L bei impulsförmigem Betrieb des Vibrators zu ermitteln, so ist eine direkte experimentelle Bestimmung der Poissonzahl gemäß der Beziehung

$$\frac{v_B^2}{v_L} = \frac{\pi \cdot f \cdot H}{\sqrt{3}} \sqrt{\frac{1-2\sigma}{(1-\sigma)^2}}$$

möglich und eine entscheidende Einengung der obendargestellten Fehler möglich.

Das Ergebnis von Messungen auf Eis ist als Dispersionskurve einer Biegewelle mit dem erwarteten parabelförmigen Verlauf aus Abb. 13 ersichtlich.

Durch Messungen bei impulsförmigem Betrieb konnte zusätzlich gezeigt werden, daß außer der Biegewelle mit großer Reichweite auch erste Einsätze mit geringerer Nachweisweite und Geschwindigkeiten auftreten, die offenbar angeregten Longitudinalwellen zuzuordnen sind (Abb. 14).

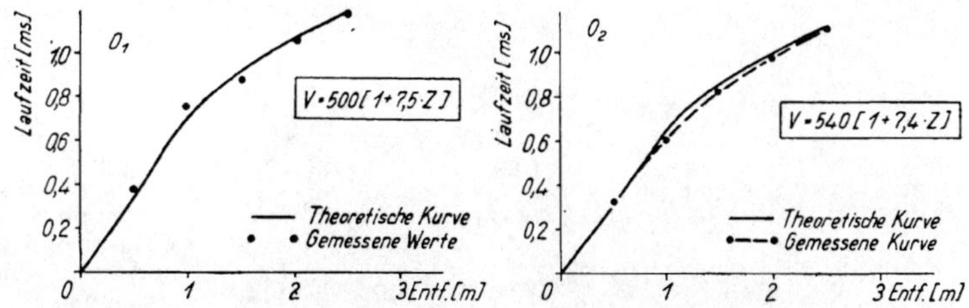

Abb. 20. An den Widerlagern O_1 und O_2 aus Vibratormessungen ermittelte und nach linearen Geschwindigkeits-Tiefenfunktionen berechnete Laufzeitkurven (aus MEISSER & MILITZER 1963)

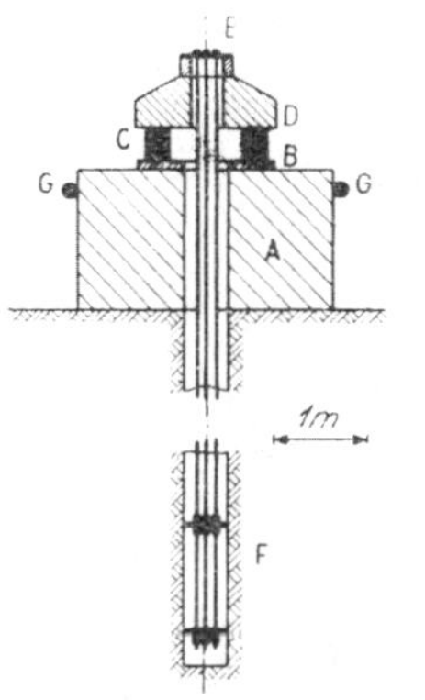

Abb. 17. Schematische Darstellung eines Widerlagers und der Zugeinrichtung für Vorspannungs- und Verankerungsversuche (aus O. MEISSER & H. MILITZER 1963 und H. MILITZER 1962)

A – Widerlager; B – Eisenplatte; C – hydraulische Pressen; D – Spannjoch; E – obere Verankerung; F – untere Verankerung; G – Schlauchwaage

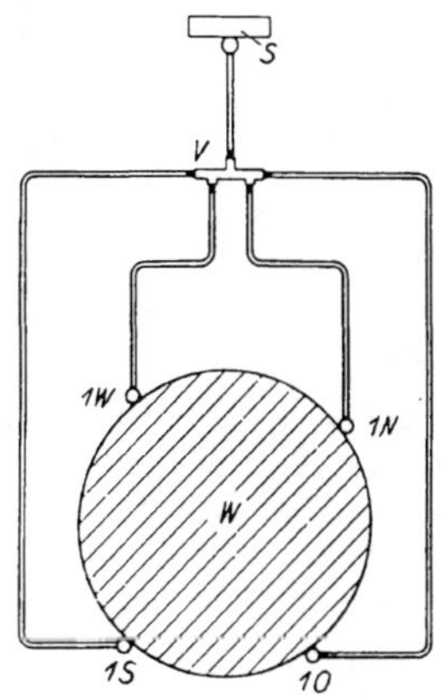

Abb. 18. Stationäre Schlauchwaagekombination an einem Widerlager

S – Bezugssystem; V – Verteilungsstück; W – Widerlager; 1N, 1O, 1S, 1W = Meßsysteme (aus MEISSER & MILITZER 1963)

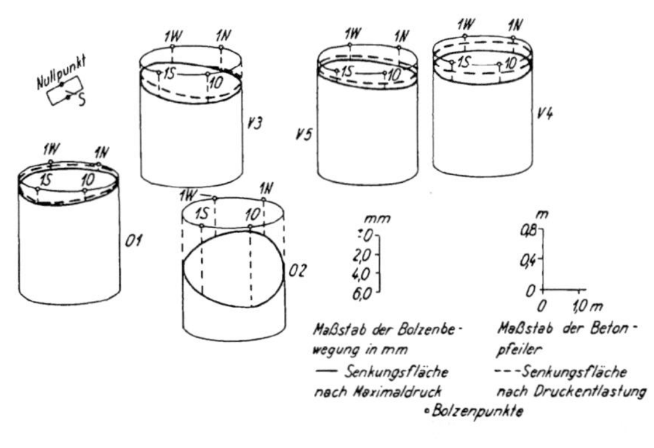

Abb. 19. Raumdarstellung der abgedrückten Widerlager einschließlich der Senkungsflächen nach aufgebrachtem Maximaldruck und nach Druckentlastung (aus MEISSER & MILITZER 1963)

Unter Zugrundelegung einer Dichte von 0,92 g cm^{-3} ergab sich aus beiden Geschwindigkeiten ein E-Modul für Eis bei einer Temperatur nahe 0°C von $4{,}4 \cdot 10^{10}$ cgs.

Wie auf Eis konnten ähnliche Dispersionskurven auch auf Autobahnplatten nachgewiesen werden (Abb. 15).

Abweichungen zwischen dem experimentellen und theoretisch berechneten Verlauf sind verständlich, da die Dispersionskurve einer Biegewelle nur angenähert durch eine Parabel dargestellt werden kann. Die gewählte Approximation bewirkt, daß bei hohen Frequenzen die Geschwindigkeitswerte systematisch unter der Parabel liegen. In diesem Zusammenhang sei noch auf Ergebnisse hingewiesen, die auf mehrschichtig gegliederten Straßen, bestehend aus Teer, Schotter und einer Packlage über verwittertem Gneis, erzielt wurden (Abb. 16).

Im Unterschied zu den bisher dargestellten Dispersionskurven ist festzustellen, daß sich die Meßwerte durch zwei verschiedene Parabeln annähern lassen. Genügt die Dispersionskurve bis 400 Hz einer Parabel der Form $v^2 = 210 \cdot f$, so wird sie im Bereich von 1 bis 5 kHz mit ausreichender Genauigkeit durch die Parabel $v^2 = 88 \cdot f$ approximiert. Zwischen 400 Hz und 1 kHz besteht offenbar eine Übergangszone. Da bekanntlich erzwungene Schwingungen mit niederer Frequenz eine größere Eindringtiefe als höherfrequente Anteile besitzen, darf geschlossen werden, daß bis 400 Hz die gesamte Straßendecke wie eine Schicht und ab 1 kHz nur das System Teer und Schotter angeregt werden. Die dadurch mögliche Berechnung elastischer Kennwerte auch einzelner Schichten dürfte für den Straßenbau von großem Interesse sein.

Die Einsatzmöglichkeit der Vibratortechnik ist aber keineswegs nur auf die Untersuchung plattenförmiger Gebilde, wie Straßen- und Betondecken, beschränkt, sondern findet in der Felsmechanik ganz allgemein und im Talsperren- und Tunnelbau einen breiten Anwendungsbereich. Infolge der möglichen Frequenzwahl zwischen 20 bis 10000 Hz ist sie als Bindeglied zwischen den herkömmlichen seismischen Verfahren und der Ultraschallmeßtechnik anzusehen. Ist die Anwendbarkeit der zuletzt genannten Methode immer dann in Frage gestellt, wenn das Untersuchungsobjekt Inhomogenitäten in der Größenordnung der Ultraschallwellenlänge aufweist, so lassen spreng- oder schlagseismische Verfahren überhaupt keine Möglichkeit einer Beeinflussung des gewünschten Auflösungsvermögens durch eine an das Untersuchungsobjekt angepaßte Wellenlänge erkennen. Beträgt die mittlere Ausbreitungsgeschwindigkeit elastischer Wellen in Festgesteinen etwa 4000 ms^{-1}, so ergeben sich unter Berücksichtigung des obenangegebenen möglichen Frequenzbereiches bei Einsatz der Vibratortechnik Wellenlängen zwischen 200 m bis herab zu 0,40 m. Dadurch ist es einmal möglich, bautechnisch

Abb. 21. Bodenvibrator mit Drei-Komponenten-Ba-Ti-Geophon im Einsatz am Anstehenden (aus MEISSER & MILITZER 1963)

uninteressante Einzelheiten des Untersuchungsobjektes zu unterdrücken, zum anderen ist das Auflösungsvermögen groß genug, um elastische Kennwerte auch relativ kleiner Bereiche exakt und in situ erfassen zu können. Dabei hat sich bei der Lösung felsmechanischer Probleme eine Kopplung vibratorseismischer Aufnahmen mit statischen Verformungsmessungen gut bewährt und eine Vergleichsmöglichkeit statisch und dynamisch bestimmter Elastizitätszahlen aus Messungen im Gelände und am Objekt aufgezeigt. Als Beispiel sei ein Teilergebnis der geophysikalischen Arbeiten dargestellt, die bei Vorspannungs- und Verankerungsversuchen an einer Talsperre gesammelt wurden.

Diese Untersuchungen wurden auf Veranlassung und unter der Gesamtleitung der Wasserwirtschaftsdirektion Obere Elbe—Mulde durchgeführt und hatten das Ziel, die Eignung des Untergrundes zur Aufnahme der Verankerung einer vorgespannten Gewichtsstaumauer zu untersuchen. Dazu wurden fünf armierte Widerlagerblöcke aus Beton mit kreisförmigem Querschnitt, einem Durchmesser von 2,80 m und einer Höhe von 1,50 m errichtet. Auf den Widerlagern befanden sich zugerzeugende hydraulische Pressen, ein Spannjoch sowie Meßeinrichtungen zur Ermittlung vertikaler und horizontaler Punktverschiebungen (Abb. 17). Die mit dem Abdrücken der Widerlager verbundene Deformation der Fundamente und des Untergrundes sollten durch Schlauchwaagemessungen erfaßt und die daraus ermittelten statischen Verformungsmoduln durch seismische Aufnahmen ergänzt werden. Dabei wurde wegen des technisch notwendig raschen Meßfortschrittes eine Schlauchwaagekombination vorgesehen, wie sie im Prinzip aus Abb. 18 ersichtlich ist.

Trotz mittiger Auflast und relativ geringer Maximaldrücke (ca. 200 Mp cm^{-2}) zeigten die Widerlager in sich und untereinander ein teils stark unterschiedliches Senkungsverhalten (Abb. 19).

Mit Ausnahme eines Widerlagers ordneten sich die erzwungenen Maximalabsenkungen senkrecht zum Hauptstreichen der Klüfte des Untersuchungsgebietes ein. Das unterschiedliche Senkungsverhalten der Widerlager untereinander führte zu dem Schluß, daß sich entweder die Widerlager in ihrem physikalischen Verhalten voneinander unterscheiden oder daß das im Anstehenden stark klüftige Gebirge große Unterschiede in den gesteinsphysikalischen Eigenschaften schon auf sehr kurze Entfernungen aufweist. Zur Klärung dieser Frage wurden an zwei Widerlagern sowie am anstehenden Grundgebirge Vibratormessungen durchgeführt. Die an den Widerlagern aus den Laufzeiten ermittelten Laufzeitkurven zeigen deutlich eine stetige Krümmung, die sich gut durch eine lineare Geschwindigkeits-Tiefenfunktion der Form $v = v_0 (1 + az)$ angleichen läßt (v_0 = Oberflächengeschwindigkeit, a = frei verfügbarer Faktor, z = Tiefe).

Aus der Abb. 20 ist zu entnehmen, daß sich die an den Widerlagern gemessenen Geschwindigkeiten wie 1 : 1,1 verhalten. Diese gute Übereinstimmung deutet bereits darauf hin, daß das grundsätzlich unterschiedliche Senkungsverhalten der beiden Widerlager nicht auf deren unterschiedlichen physikalischen Aufbau zurückzuführen ist, sondern wahrscheinlicher seine Ursache in der starken Klüftigkeit und den oberflächennahen Unregelmäßigkeiten des anstehenden Diabas besitzt. Schlagseismische Untersuchungen sollten diese Frage endgültig klären. Infolge mangelhaften Energiedurchgangs konnten aber bereits bei Entfernungen von 2 bis 3 m keine auswertbaren Einsätze mehr registriert werden, so daß sich die geplanten Untersuchungen als ungeeignet erwiesen. Durch den Einsatz eines Bodenvibrators konnten wohl die Schwierigkeiten nicht umgangen, aber doch wenigstens brauchbare Registrierungen bis zu Entfernungen von 5 m erzielt werden. Diese außerordentliche Leistungsprobe für das kleine Gerät wird durch Abb. 21 dargelegt.

So war es einerseits möglich, den Elastizitätsmodul der Fundamente und des Anstehenden aus den durch den Boden gelaufenen elastischen Wellen und einer an Proben bestimmten Dichte zu ermitteln, und andererseits konnte durch die Schlauchwaagemessungen aus dem linearen Bereich der aufgenommenen Last-Senkungskurven die Steifezahl des Anstehenden bei unbehinderter Seitendehnung errechnet werden. Das zusammenfassende Ergebnis ist aus Abb. 22 ersichtlich.

Eine bessere Übereinstimmung der auf statischem und dynamischem Wege ermittelten und in Abb. 22 dargestellten Elastizitätszahlen für das Grundgebirge ist aus prinzipiellen Gründen nicht zu erwarten. Nur an ideal elastischen Körpern können mit verschiedenen Verfahren die gleichen Elastizitätsgrößen bestimmt werden. Durch die Porosität, Klüftung und unvollständige Elastizität der Gesteine ist die Abweichung zwischen den statischen und dynamischen Kennwerten erklärt. Hinzu kommt, daß sich bei dynamischen Untersuchungen aus erklärlichen Gründen meist größere Maßzahlen für die Elastizitätsgrößen ergeben als bei statischen Messungen. Unter Verwendung höherer Frequenzen (kHz-Bereich) können die Abweichungen bis 20% betragen, und nur im Falle niedriger Frequenzen

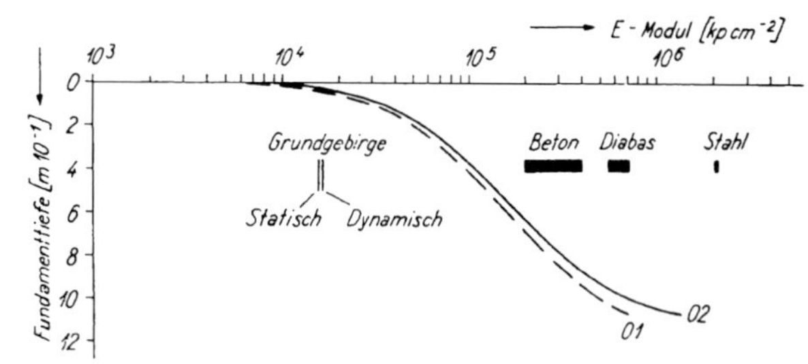

Abb. 22. Aus Vibratormessungen dynamisch bestimmte, provisorische E-Moduln an den Widerlagern O_1 und O_2 aus Stahlbeton sowie am Anstehenden mit vergleichsweiser Angabe der aus Setzungsmessungen bestimmten Elastizitätszahl des Grundgebirges und aus statischen Untersuchungen für die Baustoffe Beton, Diabas und Stahl (aus MEISSER & MILITZER 1963 und MILITZER 1962)

ist ein Übergang vom dynamischen zum statischen Fall vorhanden. Abhängig von den benutzten Arbeitsfrequenzen (500 Hz) liegen die im Untersuchungsbereich dynamisch bestimmten Elastizitätszahlen um etwa 5% höher als die statischen.

Abb. 23. Das „Dynaseis"-System der United Geophysical Corporation USA (aus Geophysical Prospecting, 10, 1962, 4)

Zugleich deutet der in Abb. 22 angegebene Verlauf des Elastizitätsmoduls an den Widerlagern in Abhängigkeit von der Tiefe auf die Grenze der Aussagemöglichkeit vibratorseismischer Messungen. Wird zunächst der Kurvenverlauf nach niedrigen Werten zu durch einen 10 cm starken Magerbetonstrich auf der Fundamentoberfläche bestimmt, so ist für eine mittlere Fundamenttiefe von 0,65 bis 0,90 m eine gute Übereinstimmung zwischen den in situ ermittelten E-Moduln und den aus der Literatur bekannten Werten für Beton zu erkennen. Für Fundamenttiefen > 0,90 m macht sich jedoch der Einfluß der Armierungseisen derart bemerkbar, daß der am Objekt bestimmte E-Modul in den für Stahl übergeht.

Unter Anerkennung der Leistungsgrenzen darf jedoch gesagt werden, daß die Vibratortechnik für ingenieurgeophysikalische Arbeiten bereits heute einen breiten Anwendungsbereich bei der Untersuchung von Straßen, Betondecken und des Anstehenden einnehmen kann. Wie aus der Abb. 23 ersichtlich ist, werden im westlichen Ausland ähnliche, aber weitaus leistungsstärkere Vibratoren bereits für kommerzielle ingenieurgeophysikalische Untersuchungen eingesetzt.

(II. Teil mit Literaturverzeichnis folgt.)

Tellurische Messungen mit neuentwickelten Apparaturen über einer Antiklinalstruktur in Mecklenburg[1]

(Veröffentlichung Nr. 127 des Instituts für angewandte Geophysik der Bergakademie Freiberg Leiter: Prof. Dr. O. MEISSER)

H. THIEME, Leipzig

Die Tellurik hat als ein noch ziemlich junges Prospektionsverfahren der angewandten Geophysik im letzten Jahrzehnt eine rasche Verbreitung in verschiedenen Ländern gefunden. Allen voran stehen hierbei die Sowjetunion, Frankreich — das Land, in dem das Verfahren nach dem 2. Weltkrieg von M. SCHLUMBERGER u. a. entwickelt wurde — und Ungarn.

Nachdem seit 1954 am Institut für angewandte Geophysik der Bergakademie Freiberg und später auch an der Arbeitsstelle für praktische Geophysik Freiberg der DAW die theoretischen und praktischen Vorarbeiten für einen Einsatz der Tellurik in der DDR geleistet wurden (PORSTENDORFER 1954, 1961), konnte dieses Verfahren in den Jahren 1960 und 1961 in Zusammenarbeit mit dem VEB Geophysik Leipzig erstmals in größerem Rahmen zur Anwendung kommen (THIEME 1961). Damit war die Erprobung neuentwickelter Tellurikapparaturen aus den genannten Freiberger Institutionen (PORSTENDORFER 1961) sowie aus dem VEB Geophysikalischer Gerätebau Brieselang (THIEME 1961) verbunden.

Im Gegensatz zu den meisten Verfahren der Geoelektrik handelt es sich bei der Tellurik um die gleichzeitige Messung der zeitlich veränderlichen Felder natürlicher Erdströme an wenigstens zwei Punkten der Erdoberfläche (feste Basis- und bewegliche Wanderstation) mit maximal 40 km Abstand voneinander. Die relative, auf die Basis bezogene Intensität des tellurischen Feldes ist für den jeweiligen Meßpunkt charakteristisch und hängt von den Leitfähigkeitsverhältnissen im Untergrund ab, die wiederum den geologischen Bau widerspiegeln. Im allgemeinen kann ein bestimmter hochohmiger Horizont verfolgt werden, wobei seine Hochlage zu einer relativen Erhöhung der tellurischen Feldintensität führt und umgekehrt. Die nach verschiedenen Verfahren ermittelbare relative Feldintensität ist die wesentlichste Auswertegröße, aus der durch Anschluß an andere geophysikalische Ergebnisse oder Bohrungen der Teufenverlauf des hochohmigen Trägerhorizonts bestimmt werden kann.

Die Messung der Variationen des tellurischen Feldes in der Größenordnung von 0,1 bis zu mehreren mV/km erfolgt durch Auslegen von zwei (bzw. drei) einige 100 m langen Kabeln, meist in den Richtungen N—S, (NE—SW), E—W, die mittels unpolarisierbarer Elektroden geerdet sind. Jede Meßleitung ist an ein hochempfindliches Galvanometer ($C_i \approx 10^{-9}$ A/mm/m) angeschlossen, wobei die Galvanometer für alle Komponenten in einer mehrkanaligen Apparatur untergebracht sind. Ein solches Gerät enthält Vorrichtungen zum Regeln der Aufnahmeempfindlichkeit, zum Kompensieren des stets vorhandenen Eigenpotentials sowie zum Einstellen des der erforderlichen aperiodischen Dämpfung der Galvanometer entsprechenden äußeren Meßkreiswiderstandes ($\approx 5000\,\Omega$). Ferner läßt sich ein Eichimpuls auf jede Schleife geben.

Die im VEB Geophysikalischer Gerätebau Brieselang nach dem Freiberger Vorbild entwickelte Tellurikapparatur enthält in vier gleichartigen Kanälen die beschriebenen Elemente. Die Galvanometer haben bei einer Eigenperiode von etwa 2 s und kritischer Dämpfung eine maximale Empfindlichkeit von ca. 80 mm/mV. Die Galvanometerschwingungen werden photographisch auf Film von 300 mm effektiver Breite aufgenommen, der mit Geschwindigkeiten von 30, 60 und 120 mm/min elektrisch transportiert werden kann. Eine eingebaute Uhr

[1]) Eingang des Manuskripts in der Redaktion: 22. 12. 1962
Kurzfassung einer Diplomarbeit

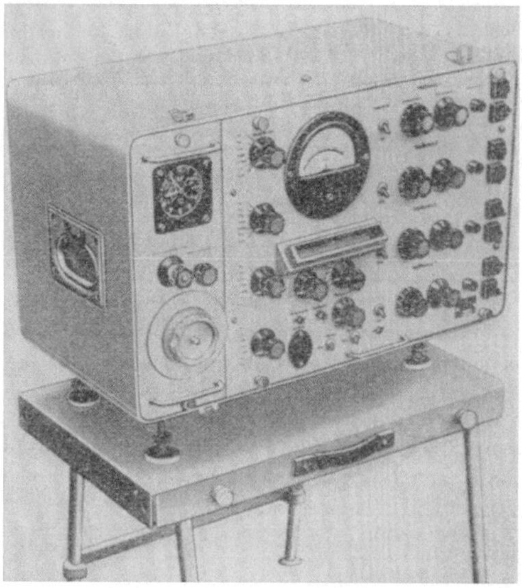

Abb. 1. Weiterentwickelte 4-Kanal-Tellurikapparatur des VEB Geophysikalischer Gerätebau Brieselang

steuert ein Relais, das im 10-s-Rhythmus Zeitmarken auf dem Film erscheinen läßt. Die Abb. 1 und 2 zeigen eine solche Apparatur bzw. einen Tellurogrammabschnitt. Zur besseren Unterscheidung haben die einzelnen Spuren verschiedenes Aussehen.

Mit derartigen Geräten wurden auch die eingangs erwähnten tellurischen Messungen südöstlich von Parchim (Meckl.) durchgeführt. Für die Wahl des Meßgebiets waren mehrere Gründe bestimmend. Einmal wurde dort bei Marnitz durch reflexionsseismische Untersuchungen und durch Tiefbohrungen eine weitgespannte, durch Pleistozän und Tertiär diskordant überdeckte Antiklinale festgestellt, die ein günstiges Testobjekt für die Tellurik darstellte; zum anderen ist das wenig industrialisierte Mecklenburg für tellurische Messungen vorteilhaft, da dort fast keine vagabundierenden Ströme vorkommen. Diese kaum kontrollierbaren Störströme können u. U. tellurische Arbeiten unmöglich machen.

Bei den ersten Messungen im Jahre 1960 wurde die Antiklinalstruktur Marnitz durch zwei zusammen 35 km lange tellurische Profile etwa senkrecht zum Streichen bereits seismisch vermessener Profile überquert. Die

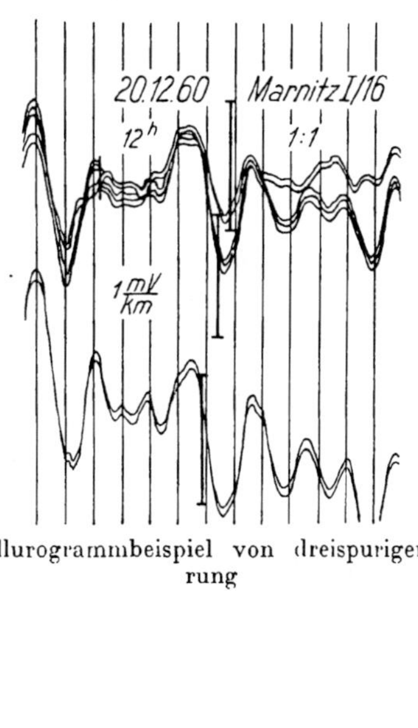

Abb. 2. Tellurogrammbeispiel von dreispuriger Registrierung

Basisstation befand sich direkt über dem Top der Struktur in der Nähe der Tiefbohrung Marnitz 6, die Pleistozän, Keuper, Muschelkalk und Buntsandstein durchteuft hat und bei mehr als 2000 m im Zechstein eingestellt wurde. Von der Basisstation aus verliefen die Profile I und II nach NW bzw. SE. Der Meßpunktabstand betrug im Scheitelbereich der Antiklinale etwa 500 m, in den beiderseitigen Muldenzonen rund 1 km.

Die Auswertung der Tellurogramme erfolgte zum überwiegenden Teil nach dem statistischen Verfahren der „absoluten Ellipsen" von KUNETZ (1957). Die aus der Bearbeitung eines Registrierzeitraums von 15 min an einer Station gewonnene Feldellipse wird hier als „absolut" bezeichnet, da sie, unabhängig von einer gleichzeitig registrierenden Basisstation, die Widerstandsverteilung am Beobachtungsort charakterisiert. Neben dem invariablen relativen Flächeninhalt, dem Verhältnis der Flächen gleichzeitig ermittelter absoluter Ellipsen von Basis- und Wanderstation, gewinnt dadurch auch die Form (Streckung) und Ausrichtung der Feldellipse eine Bedeutung für die Interpretation tellurischer Messungen.

In Abb. 3 ist das Ergebnis dieser Auswertung zu sehen. Unten ist die Kurve des relativen Flächeninhalts logarithmisch aufgezeichnet, die wegen der unvermeidlichen Streuung der Meßwerte (im allgemeinen bis 20%) ausgeglichen wurde. Anhand dieser ausgeglichenen Kurven konnte der Verlauf des tellurischen Trägerhorizonts konstruiert werden, der sich näherungsweise nach der Beziehung

$$H_W = \frac{H_B}{F_R}$$

ergibt (H_W, H_B Teufe des Trägerhorizonts an der Wander- bzw. Basisstation, F_R relativer Flächeninhalt). Aus Bohrlochmessungen und einer elektrischen Tiefensondierung nach SCHLUMBERGER ergab sich, daß als tellurischer Trägerhorizont die Oberkante des mit dem Muschelkalk beginnenden Schichtkomplexes anzusehen ist. Diese Oberkante war aus der Bohrung Marnitz 6 bekannt, so daß anhand der ausgeglichenen F_R-Werte das H_W jeder Wanderstation zu bestimmen war. Neben der so ermittelten Muschelkalkoberkante wurden in diese Darstellung auch die seismischen Reflexionselemente sowie der seismische Phantomhorizont für den Muschelkalk eingetragen.

Nach den tellurischen Ergebnissen, die sich im Rahmen der Meßgenauigkeit weitgehend mit den seismischen decken, steigt der Trägerhorizont in einer weitgespannten Antiklinale aus der Mulde von Parchim aus einer Teufe von ca. 3000 m bis auf rund 500 m im Scheitel auf, um dann in der südöstlich gelegenen Mulde wieder auf annähernd 3000 m abzutauchen. Als besonders bemerkenswert ist die Tatsache anzusehen, daß im Top der Struktur der Trägerhorizont durchgehend verfolgt werden konnte, wogegen man infolge schlechter Energieübertragungsverhältnisse keine Reflexionen in diesem Bereich erhielt. Schließlich sei noch auf die über jedem Meßpunkt dargestellten absoluten Ellipsen (Basisellipsenfläche = 1) hingewiesen. Man kann deutlich zwei Zonen mit hervorstechender Ausrichtung der Ellipsenachsen feststellen: Im Scheitelbereich weisen die großen Ellipsenachsen im Mittel in eine Richtung

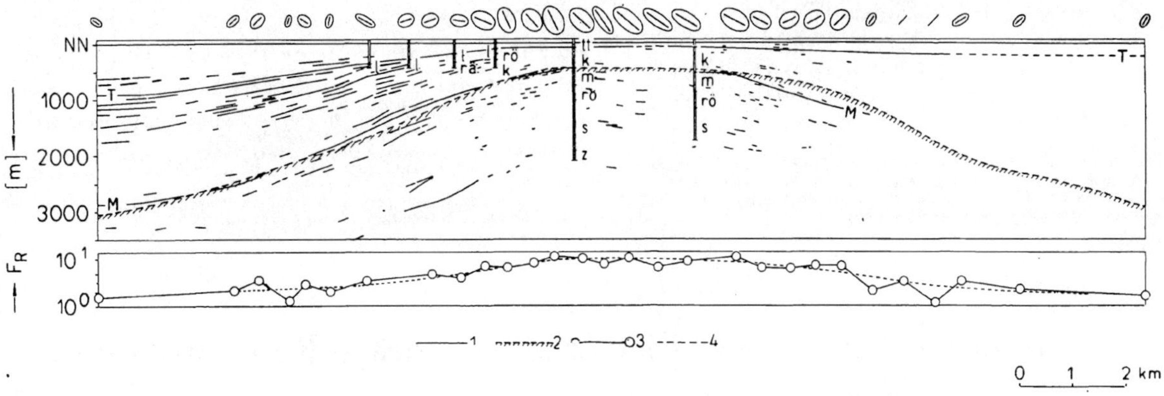

Abb. 3. Tellurisches Profil (F_R), seismische Reflexionselemente mit seismisch und tellurisch ermittelter Muschelkalkoberkante sowie absolute Ellipsen über den Profilen I und II

1 – Reflexionselemente, 2 – tellurisches Teufenprofil, regional ausgeglichen; 3 – tellurisches Profil, gemessen; 4 – tellurisches Profil, regional ausgeglichen; T – Tertiärbasis, M – Phantomhorizont Oberkante Muschelkalk, F_R – Flächeninhalt der relativen Ellipse, tt – Pleistozän und Tertiär, k – Keuper, l – Lias, rä – Rät, m – Muschelkalk, rö – Röt, s – Buntsandstein, z – Zechstein

senkrecht zum Streichen der Struktur, wogegen sie nach allmählichem Umklappen an den Flanken und über den Mulden etwa in die Streichrichtung zeigen. Diese Erscheinung tritt nur an unzylindrischen Strukturen auf und stellt einen wichtigen Hinweis auf den Charakter der Antiklinale dar.

Mehr Klarheit über dieses Problem brachten die im Jahre 1961 im Meßgebiet Marnitz fortgesetzten tellurischen Messungen. Dabei wurde ein Netz von Parallel- und Querprofilen über dem Strukturbereich angelegt, das aus Abb. 4 zu ersehen ist. In dieser flächenhaften Darstellung sind gleichfalls wieder die absoluten Ellipsen relativ (auf die Basis bezogen) eingezeichnet. Aus diesem Bild läßt sich zweierlei ableiten: Der Flächeninhalt der Ellipsen, der nach allen Richtungen in ähnlicher Weise abnimmt, deutet darauf hin, daß die Struktur Marnitz, zumindest im Niveau der Muschelkalkoberkante, eine kuppelförmige Aufwölbung ist. Darauf weist gleichfalls die zu dieser „Kuppel" tangentiale Einstellung der großen Ellipsenachsen hin. Da man die Richtung dieser Achsen mit der Hauptstromrichtung in Zusammenhang bringt, läßt sich weiterhin ableiten, daß im gesamten Meßgebiet eine etwa E—W gerichtete Hauptstromrichtung vorherrschen muß, die lediglich durch die hochohmige Aufwölbung der Struktur Marnitz in Analogie zu einem umströmten Hindernis verzerrt wird. Für diese Deutung sprechen auch potentialtheoretische Überlegungen.

Diese Tatsachen lassen es als notwendig erscheinen, bei künftigen Interpretationen tellurischer Ellipsendarstellungen stets die Ergebnisse eines Profilnetzes heranzuziehen, da ein Profil allein u. U. zu falschen oder unvollständigen Aussagen führen kann, wie das Beispiel der Profile I und II zeigte.

Zusammenfassend läßt sich sagen, daß die ersten in größerem Rahmen durchgeführten tellurischen Mes-

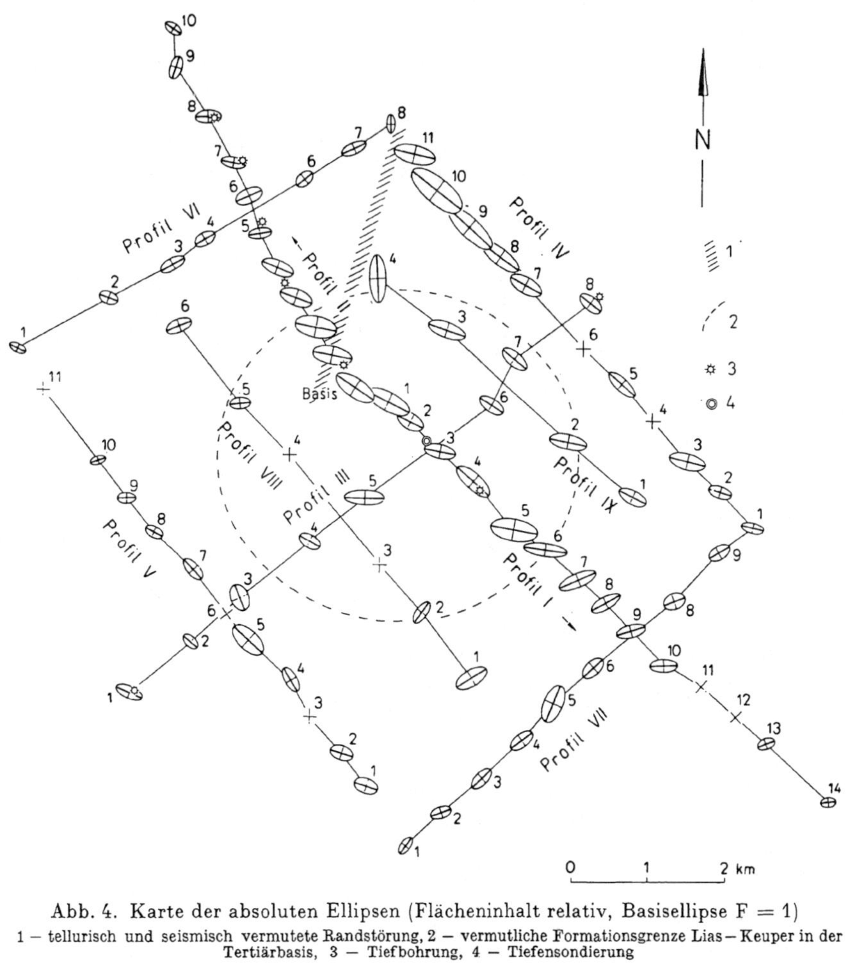

Abb. 4. Karte der absoluten Ellipsen (Flächeninhalt relativ, Basisellipse F = 1)

1 – tellurisch und seismisch vermutete Randstörung, 2 – vermutliche Formationsgrenze Lias–Keuper in der Tertiärbasis, 3 – Tiefbohrung, 4 – Tiefensondierung

sungen in der DDR zufriedenstellend verliefen, eine Fülle von Erfahrungen mit sich brachten und den Wert dieses Verfahrens für die wenig aufwendige Vorerkundung von sedimentbedeckten Antiklinalstrukturen unterstrichen[2]).

[2]) Für wertvolle Anregungen und für die ständige großzügige Förderung dieser Arbeit bin ich meinem verehrten Lehrer, Prof. Dr. O. MEISSER, zu großem Dank verpflichtet. Desgleichen danke ich Herrn Dr. G. PORSTENDORFER für viele Ratschläge und Hinweise.

Literatur

KUNETZ, G.: Anwendung statistischer Eigenschaften der Erdströme in der praktischen Geophysik. – Freiberger Forsch.-H. C 32, Berlin 1957.
PORSTENDORFER, G.: Tellurik, Grundlagen und Anwendungen. – Freiberger Forsch.-H. C 16, Berlin 1954.
– Tellurik – Grundlagen, Meßtechnik und neue Einsatzmöglichkeiten. – Freiberger Forsch.-H. C 107, Berlin 1961.
THIEME, H.: Erprobung neuentwickelter Tellurikapparaturen im Einsatz bei der Erdölerkundung. – Dipl.-Arb. im Inst. angew. Geoph. d. BA Freiberg (1961), Veröff. in Vorber.
– Tellurische Messungen über der Struktur Marnitz (Meckl.). – Abschlußber. im VEB Geophysik, Leipzig 1962 (unveröff.).

Rotation tektonischer Elemente um schräge Rotationsachsen[1])

ALFRED LENK, Zwickau

1. Verschiedene Aufgaben der tektonischen Analyse und praktischen Geologie erfordern die Durchführung von Rotation gegebener Geraden und Ebenen um gegebene Rotationsachsen. Solche Operationen werden mit Hilfe des SCHMIDTschen Netzes zweckmäßig ausgeführt. Soweit es sich dabei um horizontale oder vertikale Rotationsachsen handelt, ist der Rotationsvorgang einfach und ohne Schwierigkeiten durchführbar.

Wie aus Abb. 1 ersichtlich ist, rotiert das Element a um die horizontale Achse x, indem es auf dem zugehörigen Breitenkreis der Äquatorialprojektion vorrückt.

Bei Rotation des Elementes a um die vertikale Rotationsachse x (Abb. 2) rückt das rotierende Element a bei Anwendung der Polarprojektion ebenfalls wieder auf dem zugehörigen Breitenkreis vor.

Der Drehwinkel δ ist gleich der Differenz zwischen dem größten und dem kleinsten Längengrad, die von dem auf einem Breitenkreis gelegenen Rotationsweg berührt werden.

Bei Rotation um schräge Rotationsachsen verfährt man bekanntlich so, daß man die Rotationsachsen zunächst horizontal legt oder vertikal stellt.

Die Achse x kann horizontal gelegt werden (Abb. 3), indem sie durch Drehung um die N–S-Trasse des Netzes rotiert wird. Sie rückt dabei auf dem zugehörigen Breitenkreis bis zum Rand des Netzes x' vor. Das zu rotierende Element wird um den gleichen Betrag δ' und in gleicher Richtung um die N–S-Trasse gedreht, wobei es auf dem ihm zugeordneten Breitenkreis nach a' wandert. Dann wird der eigentliche Rotationsvorgang um die Rotationsachse x' ausgeführt (Abb. 4), indem diese über die N–S-Trasse des Netzes gebracht wird.[2])

Die Rotation erfolgt so, wie das für horizontale Drehachsen oben angegeben wurde (a' wird um die horizontale Rotationsachse x' um den Winkel δ in die neue Lage a'' rotiert). Schließlich wird durch entsprechende Drehung des Oleats die horizontal gelegte Rotationsachse x' mit der schrägen Rotationsachse x der Ausgangslage auf einen gemeinsamen Breitenkreis gebracht (Abb. 5) und in die alte Lage x zurückrotiert. Das rotierte Element a'' wandert auf dem zugehörigen Breitenkreis in der gleichen Richtung um den gleichen Drehbetrag δ' in seine endgültige Stellung a_r.

[1]) Eingang des Manuskripts in der Redaktion: 28. 1. 1963
[2]) Die Lage der Trassen des Oleats ist in den Abb. 4, 6, 7, 9, 10 durch gestrichelte Linien gekennzeichnet.

Soll die Drehachse vor der Rotation vertikal gestellt werden, so bringt man sie durch Drehung des Oleats zunächst auf die E–W-Trasse (Abb. 6). Durch Rotation um die N–S-Trasse des Netzes läßt man sie bis zum Mittelpunkt (vertikale Lage) x' vorrücken. Um den gleichen Betrag δ' und in der gleichen Richtung muß dabei das zu rotierende Element a auf dem zugehörigen Breitenkreis in die Lage a' vorrücken. Nun erfolgt die Rotation des Elementes, wie oben für vertikale Drehachsen besprochen. a' rückt auf dem zugehörigen Breitenkreis durch Rotation um den Winkel δ auf a'' vor (Abb. 7). Danach bringt man die Ausgangslage der Rotationsachse x auf die E–W-Trasse und rotiert um die N–S-Trasse die Rotationsachse x' in ihre alte Lage x zurück. Das rotierte Element a'' gelangt durch Drehung um den gleichen Betrag δ' und in der gleichen Richtung in seine endgültige Lage a_r (Abb. 8).

Man ersieht aus den Beschreibungen der Rotationsvorgänge bei schrägen Achsen, daß diese sehr arbeitsaufwendig sind und einige Möglichkeiten bestehen, Fehler zu machen. Nach den herkömmlichen Rotationsmethoden für schräge Rotationsachsen setzt sich jeder Rotationsvorgang aus drei Einzelrotationen zusammen.

2. Rotationen um schräge Achsen können bei Anwendung der folgenden Methoden (ohne vorherige Horizontal- oder Vertikalstellung) rationeller und sicherer durchgeführt werden:

a) Bringe durch Drehung des Oleats den Pol der Rotationsachse x und den Pol des zu rotierenden Elementes a auf einen gemeinsamen Großkreis.

Der Pol des linearen Elementes P liegt auf dem gleichen Großkreis, 90° von x entfernt. (x, a, P liegen in

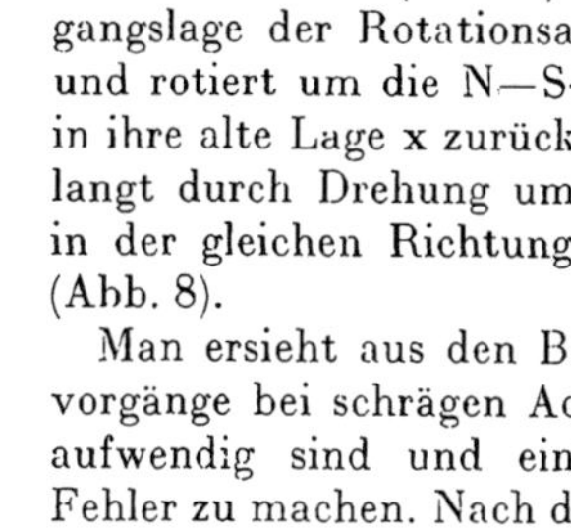

Abb. 1

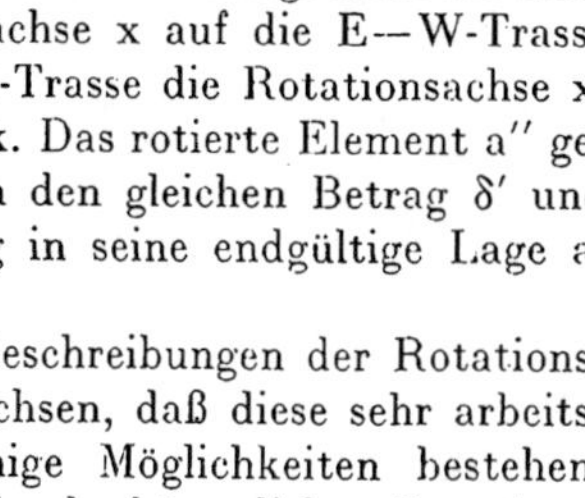

Abb. 2

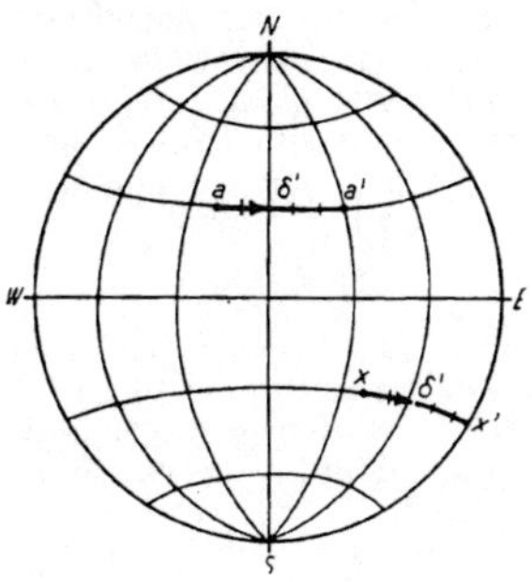

Abb. 3

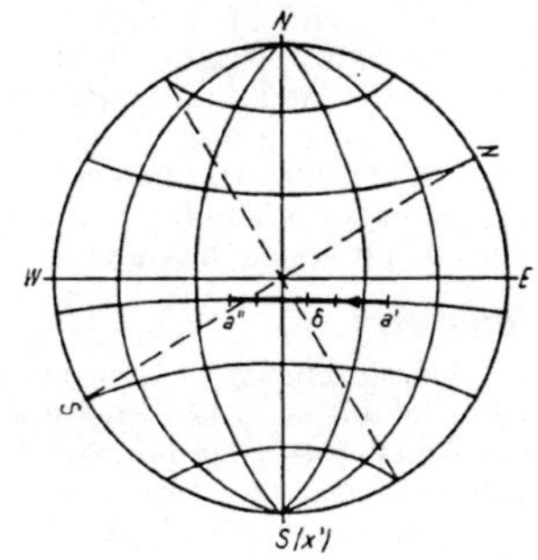

Abb. 4

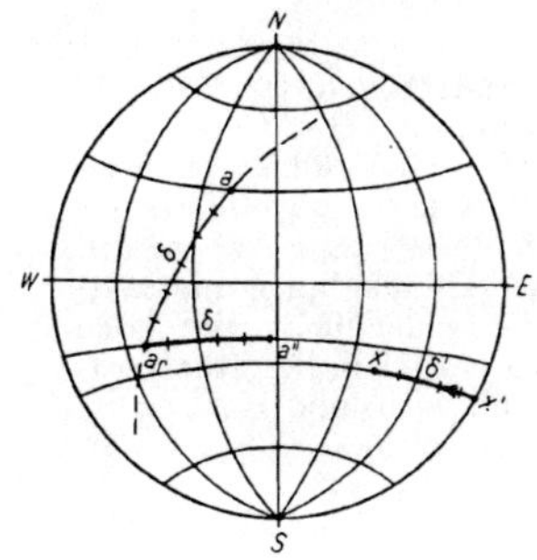

Abb. 5

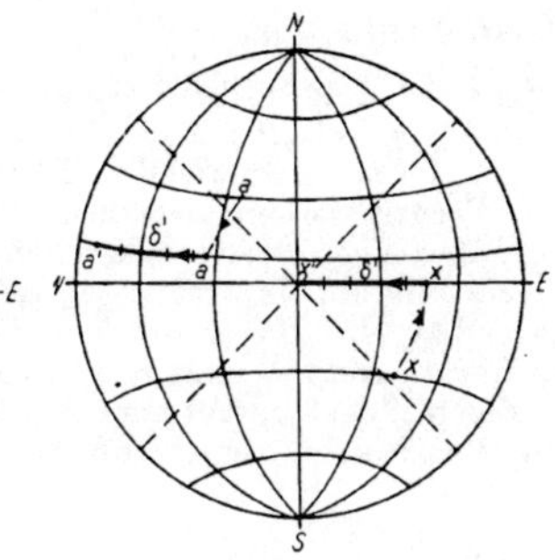

Abb. 6

einer Ebene, in der x und a den Winkel δ', x und P einen rechten Winkel einschließen.)

Hat man x auf die E—W-Trasse gebracht, so liegen P und P' auf einem gemeinsamen Großkreis, wobei sie den Winkel der beabsichtigten Rotation δ einschließen (Abb. 9).

Hat man x und P' auf einen gemeinsamen Großkreis gebracht (Abb. 10), so findet man das rotierte Element a_r auf diesem Großkreis, es schließt mit x den Winkel δ' ein. (x, a_r, P' liegen in einer Ebene, in der x und a_r den Winkel δ' und x und P' einen rechten Winkel einschließen.)

Diese Methode kann auch bei horizontal liegenden und vertikal stehenden Rotationsachsen angewendet werden. Der hier beschriebene Rotationsvorgang ist einfacher als die bereits bekannten und schaltet einige Fehlerquellen aus.

b) Benutzt man SCHMIDTsche Netze, die eine Projektion zwischen der Äquatorial- und der Polarprojektion darstellen, so kann man Rotationen um schräge Achsen so einfach wie um vertikale Achsen durchführen. Dazu bedarf es der Herstellung vieler solcher Netze, denn jede Rotationsachsenneigung erfordert eine speziell geneigte Projektion. Mit 89 verschiedenen schrägen Netzprojektionen (im 1°-Neigungswinkelabstand der N—S-Achse) bzw. mit 44 schrägen Netzprojektionen (im 2°-Neigungswinkelabstand der N—S-Achse) kann man alle denkbaren Rotationen um schräge Achsen durchführen. Im allgemeinen entspricht schon die Serie der 44 Netze (im 2°-Neigungswinkelabstand) der geforderten Genauigkeit.

Im folgenden wird die Rotation um eine 45° geneigte Achse mit Hilfe einer entsprechenden Projektion des SCHMIDTschen Netzes (Abb. 11) nach dieser Methode erläutert. Zunächst wird ein Oleat mit der 45° einfallenden Rotationsachse x und dem zu rotierenden Element a auf die herkömmliche Weise angefertigt.

Dieses Oleat wird so auf die schräge Projektion des SCHMIDTschen Netzes gelegt (Abb. 12), daß die geneigte N—S-Trasse des Netzes mit der Rotationsachse x auf dem Oleat zusammenfällt. Das zu rotierende Element a gelangt dadurch auf einen bestimmten Breitenkreis, auf dem es bei der Rotation um den Drehwinkel δ auf a_r vorrückt, wie das bei Rotationen um vertikale Achsen oben besprochen worden ist.

3. Als rotierendes Element wurde in den Abschnitten 1 und 2 eine Gerade angenommen, deren Raumlage im SCHMIDTschen Netz durch einen bestimmten Punkt symbolisiert wird. Da Ebenen mit Hilfe ihrer Normalen ebenfalls als Punkte im SCHMIDTschen Netz erscheinen, können sie genau so rotiert werden wie die Geraden. In speziellen Aufgaben der tektonischen Analyse wird die Rotation von vielen Elementen (Punkten), die im SCHMIDTschen Netz eine bestimmte Fläche belegen, um eine gegebene Achse gefordert. Für die Lösung der Aufgabe genügt es, Punkte auf der Peripherie der Fläche zu rotieren und nicht etwa jeden einzelnen Punkt innerhalb der Fläche. Unter Umständen vereinfacht sich der Rotationsvorgang, indem man die Großkreisabschnitte, die von den Flächen gebildet werden, rotiert.

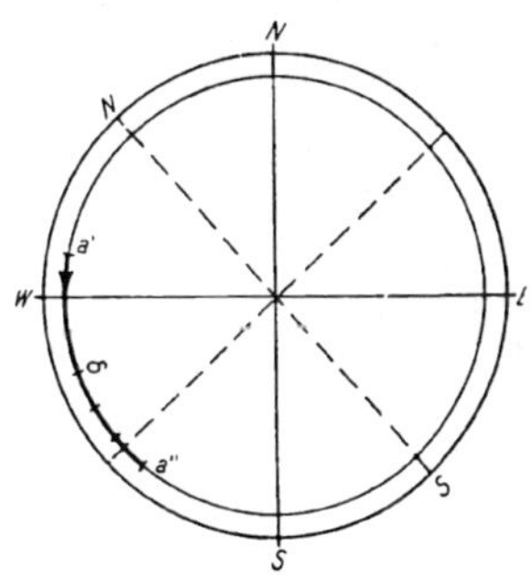

Abb. 7

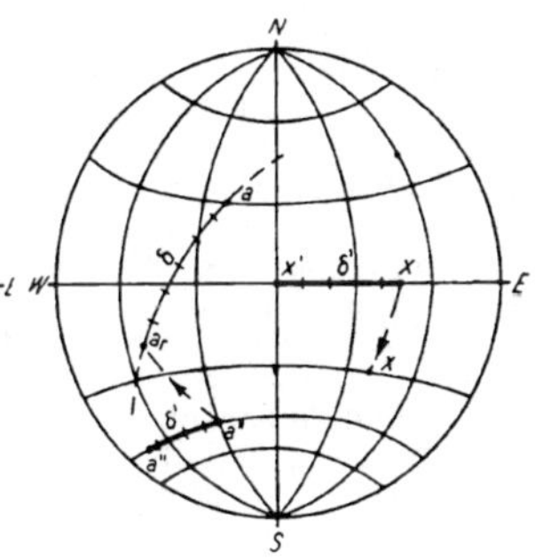

Abb. 8

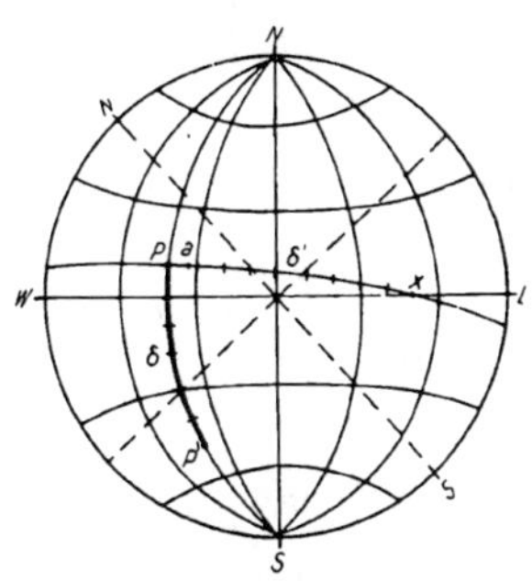

Abb. 9

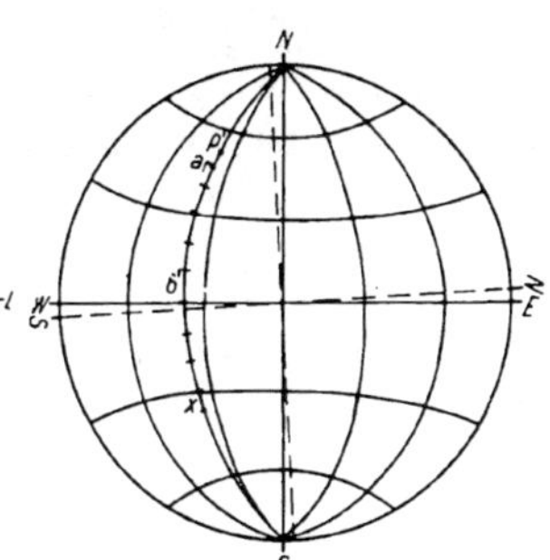

Abb. 10

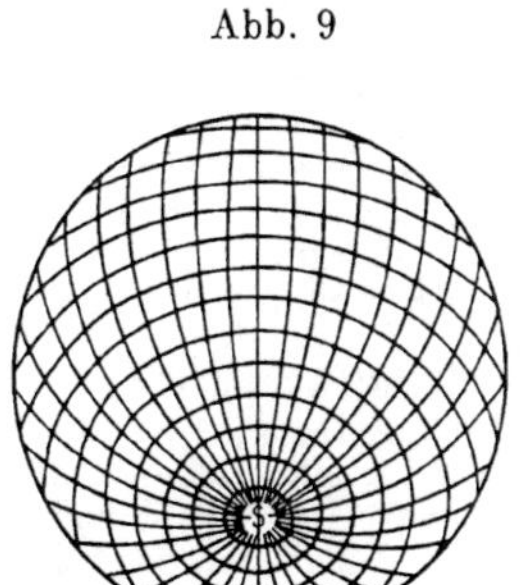

Abb. 11

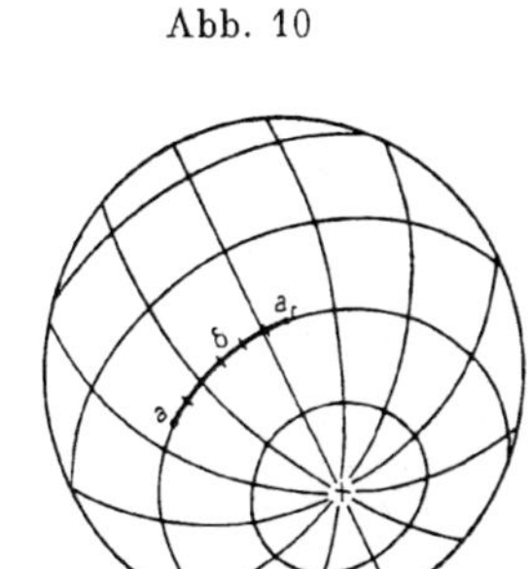

Abb .12

Zusammenfassung

Es werden die bisher bekannten Methoden der Rotation linearer und ebenflächiger Elemente um Rotationsachsen beliebiger Lage umfassend und leicht verständlich beschrieben. Ferner werden zwei neue Verfahren geschildert, die gegenüber den bereits bekannten den Vorzug haben, allgemein anwendbar, einfach in der Handhabung und zeitsparend zu sein. Bei Anwendung der beiden neuen Methoden für Rotationen um schräge Achsen entfallen die bisher notwendigen Zusatzoperationen (vorübergehende Horizontal- bzw. Vertikalstellung der Rotationsachsen).

Резюме

Широко и легко понятно описываются известные до сих пор методы вращения линейных и плоскоплощадных элементов вокруг вращательных осей любого положения. Дальше освещаются два новых способа, обладающих по сравнению с уже известными способами достоинством общей применимости, достоинством простого обращения и экономии времени. При использовании обоих новых методов для вращения вокруг косых осей отпадают необходимые до сих пор добавочные операции (временное горизонтальное или вертикальное положение осей вращения).

Summary

A comprehensive and easily conceivable description is given of hitherto known methods of rotation of linear and even elements round rotational axes of arbitrary position. Furthermore, two new methods are discussed which compared to those already known have the advantage of being universally applicable, easy to handle and time-saving. The application of the two new methods for rotations round inclined axes obviates hitherto necessary additional operations (temporary horizontal and vertical position respectively of the rotational axes).

Über einen neuen Beitrag zur Mineralogie und Genese der Sudbury-Erze

Referiert von HERBERT REH, Jena

Einleitung

Die großen Nickel-Magnetkies-Vorkommen des Sudburygebiets sind seit 1925 in zunehmendem Maße geologisch bearbeitet worden, so daß der komplexe geologische Rahmen dieses einmaligen Lagerstättendistrikts immer besser bekannt geworden ist. Verf. hat versucht, in mehreren Referaten (H. REH, 1952, 1957, 1960a, 1960b) die neuen Ergebnisse der regionalgeologischen Forschung und ihre Auswirkung auf die Deutung der Genese der Sudburyerze darzustellen.

Neuerdings hat J. E. HAWLEY (1962) in seinem Buch ,,The Sudbury Ores: Their Mineralogy and Origin" unter Mitarbeit von R. L. STANTON nicht nur die Ergebnisse seiner langjährigen Untersuchungsarbeiten und die seiner Schüler dargestellt, sondern darüber hinaus versucht, eine gut fundierte Erklärung der genetischen Verhältnisse der Nickel-Kupfer-Lagerstätten des Sudburydistrikts abzuleiten. Da seine Beobachtungen eine mehrphasige Bildung der Vererzungsvorgänge ergeben, wobei die Hauptvererzung im Gegensatz zu der zuletzt vielfach vertretenen hydrothermalen Deutung wieder als liquidmagmatisch angesehen wird, sollen das neuere Tatsachenmaterial und die Schlußfolgerungen etwas eingehender behandelt werden.

Geologische Verhältnisse des Sudbury-Gebiets

In der Tab. 1 kommen einige bemerkenswerte Veränderungen gegenüber den bisherigen Auffassungen über die Einstufung der einzelnen Schichtenfolgen zum Ausdruck. Sie kennzeichnen den Fortschritt in der geologischen Erkenntnis, weisen aber auch eindeutig darauf hin, daß noch viele Fragen ungeklärt sind.

Erztypen

Die von A. P. COLEMAN stammende Einteilung der Nickelerzlagerstätten von Sudbury in ,,marginal"- und ,,offset"-Typen, d. h. in lagerartige Vorkommen an der Basis des Norits und gangartige in Verbindung mit gewöhnlich quer durchsetzenden Quarzdioritgängen, hat sich als sehr brauchbar erwiesen.

Das normale Sudburyerz besteht vorwiegend aus Magnetkies mit etwas Pentlandit und Kupferkies. Kupferreiche Erze enthalten reichlich Kupferkies und Cubanit, arsenreiche Gersdorffit, Rotnickelkies und Maucherit, in markasitreichen ist das normale Erz durch Markasit, Pyrit und stellenweise Violarit verdrängt. Die quarzreichen Erze auf den tieferen Sohlen der Frood-Grube enthalten eine Reihe seltener Minerale mit Blei, Wismut, Zinn, Tellur und Edelmetallen. Auf der McKim-Grube besteht ein Brekzienerz vorwiegend aus Pentlandit und Pyrit. Jüngere Erzgänge führen vorwiegend Bleiglanz, Zinkblende und etwas Markasit.

Fein eingesprengtes Erz kommt in der Quarzdiorit genannten autohydratisierten Noritabart in der Nähe des Norits oder in offset-Gängen, ferner auch im verquarzten Norit und in Brekzien am Kontakt des Norits vor. Stellenweise geht es rasch in massiges Erz über.

Massiges Erz baut sich aus Sulfiden mit etwas Magnetit, manchmal auch Ilmenit, auf. Zu dem normalen Magnetkieserz mit Pentlandit und Kupferkies kann noch Cubanit hinzutreten, wie in der Frood-Grube, oder Pyrit kann örtlich hervortreten, wie in einigen Gruben am Nordrand. Zinkblende und Bleiglanz, ferner Arsenide, vor allem Gersdorffit, sind im allgemeinen fein verteilt. Gersdorffit kann jedoch manchmal auch in Bänken auftreten, die bis 15 cm mächtig werden. Massige Erze können einerseits in Einsprenglingserz, andererseits in Brekzienerz übergehen.

Als Gegenstück zu dem Einsprenglingserz findet sich als Übergang zu massigem Derberz ein fast massiges Erz, in dem noch 5 mm bis 3 cm messende rundliche Silikatkugeln aus Quarzdiorit, vielfach in streifenartiger Verteilung, enthalten sind. Bemerkenswerterweise finden sich in den Silikatpartikeln noch winzige Sulfidtröpfchen. Dieser Erztyp wird als nichtmischbares Silikat-Sulfiderz bezeichnet.

Mengenmäßig tritt Brekzienerz sehr hervor. Brekzienerz ist durch Fragmente der verschiedensten Gesteine in einer Grundmasse ausgezeichnet, die von Derberz bis zu Einsprenglingserz wechseln kann. Es kann sich einmal um mineralisierte pränoritische Brekzien, zum anderen auch um eine Ausfüllung von postnoritischen Verwerfern handeln, wobei Kluftfüllung und Nebengestein intensiv in Quarz und Karbonat umgewandelt wurden, so daß Bruchstücke von Schiefer, Quarz, Karbonat und Norit zu beobachten sind wie auf der Garson-Grube.

Als Gangerze werden einmal kupferreiche Derberze bezeichnet, die unter oder an den Enden größerer Erzkörper von Einsprenglingserz als parallele oder querschlägige Kluftfüllungen vorkommen, zum anderen jüngere schmale Gängchen mit Bändererz von Bleiglanz, Zinkblende, Pyrit oder Markasit, Quarz und Karbonat, die sowohl die marginalen als auch die offset-Erze durchsetzen.

Erzmineralien

Von J. E. HAWLEY (1962) und seinen Schülern wurden 40 Erzminerale, 6 Oxydationsminerale und 18 Gangarten und gesteinsbildende Minerale untersucht.

Magnetkies ist das bei weitem häufigste Erzmineral der Sudburyerze. Das Verhältnis Magnetkies : Pentlandit schwankt in den Gruben der International Nickel Co. zwischen 6,6 : 1 und 2 : 1. Die Zusammensetzung des Sudbury-Magnetkieses bewegt sich zwischen Fe_7S_8 ($Fe_{0,875}S$) und Fe_9S_{10} ($Fe_{0,9}S$), wobei nach C. E. MICHENER und A. B. YATES (1944) eine mittlere Zusammensetzung von Fe_7S_8 für den normalen Magnetkies anzunehmen ist. Die

Tab. 1. Schematische Darstellung der geologischen Ereignisse im Sudburygebiet

			Folge der Bildungsvorgänge	Orogenetische Vorgänge Alter in Millionen Jahren
Mittleres Proterozoikum	Keweenaw		Olivindiabas-Gänge 1020	Grenville-Orogenese 1000 – 900
			Jüngere Bleiglanz-Zinkblende-Mineralisation	Verwerfungen 1200
Unteres Proterozoikum	Ober-Huron		Aplite und jüngere Granite Murray und Creighton z. T.	Penoke-Orogenese Schwache Faltung, Brekzienbildung, Verwerfer, Intrusionen 1600
			Sudbury-Eruptiv, granophyrischer Mikrogranit-Norit, Quarzdiorit mit Nickel-Kupfer-Erzen	> 1700
		Whitewater = Animikie?	Chelmsford-Arkosen, Grauwacken, Onwatin-Schiefer, Onaping-Vulkanite, Tuffe, Brekzien	Beginnender Einbruch des Sudbury-Beckens
			Sudbury-Brekzie, Erosionsintervall (?)	Vornoritische Brekzienbildung und Verwerfung
			Gabbro-Nipissing-Diabas	Vor-Gabbro-Brekzienbildung > 1800
			Intrusivkontakt	
		Cobalt	Gowganda-Schichten-Konglomerat, Argillite, Quarzite, Kalke	
			Diskordanz	Erosionsintervall
	Mittel- und Unter-Huron	Bruce	Mississagi-Quarzite und Konglomerate (uranführend)	
			Große Diskordanz	Großes Erosionsintervall Algoman-Orogenese
Archaikum	Prä-Huron		Granite: Murray u. Creighton (größtenteils)	
			Wanapitei	2060
			Birch Lake	2150
			Intrusivkontakt	
		(Whitewater) Nach THOMSEN	Chelmsford-Arkosen, Grauwacken Onwatin-Schiefer (?) Onaping-Vulkanite, Tuffe und Brekzien	
			Copper-Cliff-Rhyolith (intrusiv) Wanapitei-Quarzit	2200
		Sudbury	Ramsey-Lake-Konglomerat McKim-Grauwacke	
		Keewatin	Stobie-Schichten, saure und basische Vulkanite und eingeschaltete Sedimente	

magnetische Suszeptibilität wächst mit steigendem Eisengehalt. Unter Fe_7S_8 wird der Magnetkies unmagnetisch. Diese seltene Varietät findet sich besonders in den offset-Erzen.

Der normale Magnetkies ist mehr oder weniger mit feinen Lamellen von entmischtem Pentlandit verwachsen. Es ist noch ungeklärt, ob ein geringer Ni-Gehalt von 0,4 – 0,5% in sehr sorgfältig gereinigtem Magnetkies auf äußerst fein eingesprengten Pentlandit zurückzuführen oder als im Gitter eingebaut anzunehmen ist. Bemerkenswert sind die Untersuchungsergebnisse von A. J. NALDRETT (1961) an 149 magnetisch gereinigten Magnetkiesproben vom Nordrand (65) und vom Südrand (84) des Sudburybeckens:

	Mittelwerte			Mittelwerte		
	% Ni	% Co	Ni : Co	Ag g/t	Se g/t	Pb g/t
Nordrand	1,44	0,0455	31,3	1,57	54	1,82
Südrand	1,85	0,0875	21,1	2,7	72	

Pentlandit $(Fe, Ni)_9S_8$ zeigt geringe Schwankungen im Gehalt an Ni, Co, Fe und S, wobei das Verhältnis Ni + Co/Fe im Mittel 1,11 beträgt und das Ni : Co-Verhältnis in den meisten Pentlanditen 34 : 1 ist. Damit ergibt sich die Formel $(Ni, Co)_{4,75} Fe_{4,25} S_8$. Die Untersuchungen beschränken sich jedoch auf den grob verwachsenen Pentlandit. Die Zusammensetzung der feinen Entmischungslamellen im Magnetkies ist noch unbekannt.

Gegenüber synthetisch hergestellten Pentlanditen, die nach M. A. IBRAHIM (1959) von $Fe_{6,7}Ni_{2,3}S_8$ bis $Fe_{2,6}Ni_{6,4}S_8$ schwanken, sind die Sudbury-Pentlandite von relativ konstanter Zusammensetzung. Als Besonderheiten gibt es nach C. E. MICHENER (1940) einen silberhaltigen Pentlandit mit 3,8% Ag und einen Kobalt-Pentlandit mit 1,8% Co. Normaler Pentlandit enthält etwa 0,95% Co.

Kupferkies ist nach Magnetkies das häufigste Erz. Wenn in einigen Gruben das Magnetkies : Kupferkies-Verhältnis bis 5 : 1 beträgt, kann der Kupferkies örtlich auch den Magnetkies mengenmäßig übertreffen. Die Ni-Gehalte von 0,2 – 0,3% und Co-Gehalte von 0,001 – 0,02% weisen auf fein verteilte Pentlandit-Einschlüsse hin, desgleichen Spuren von Sn auf feinste Tröpfchen von Zinnkies. Pb ist gewöhnlich mit 0,01 – 0,02% und Ag mit 183 g/t sowie Se mit 97 g/t zugegen.

In kupferkiesreichen Erzen aus den randlichen Bereichen einiger Erzkörper, wie z. B. auf der Frood-Grube, finden sich meistens die seltenen edelmetallhaltigen Mineralien, vor allem Sperrylith.

Cubanit $(CuFe_2S_3)$ ist nach Kupferkies das verbreitetste Kupfererz und liefert etwa 15% der Kupferproduktion des Sudbury-Gebietes. Er findet sich vor allem in den tieferen Sohlen der Frood- und Stobie-Gruben, wo er mit gleichen

Teilen Kupferkies und etwas Magnetkies und Pentlandit eine besondere Zone unter massigem Sulfiderz bildet. Nach der Tiefe zu setzt sich das Cubaniterz in eine kieselsäurereiche Zone mit Nickelarseniden, Sperrylith, Bleiglanz und Palladium-Wismut-Mineralen fort.

Pyrit ist zwar wenig verbreitet, tritt aber in mehreren Generationen typisch auf, so daß er genetisch von Bedeutung ist. Interessant ist, daß kleine Pyritkriställchen mit Magnetit und Ilmenit sowie Arseniden als Erstausscheidungen eine Rolle spielen und von den Sulfiden der Hauptgeneration korrodiert werden. Eine zweite Pyritgeneration wurde in den Vorkommen am Nordrand beobachtet, wo er zwischen Magnetkies und Kupferkies in kleinen Kriställchen entstanden ist. Eine dritte Pyritabart tritt in den McKim- und Creighton-Gruben auf, wo er in speer- oder federartigen Aggregaten Pentlandit verdrängt. Vermutlich handelt es sich um Pseudomorphosen nach Markasit. Eine vierte Pyritart ist der rosafarbene Bravoit, wie er sich in den offset-Erzen der Worthington-, Foy- und Milnet-Gruben findet. Ni-Gehalte von 5—6,5% wurden festgestellt. Schließlich sind noch die Umwandlungspyrite und Markasite zu nennen, die aus Magnetkies entstanden sind und eine Anpassung an veränderte Druck- und Temperaturverhältnisse darstellen, zum Teil auch als Wirkung deszendenter Lösungen zu deuten sind.

Die Nickel-Arsen-Minerale Gersdorffit, Rotnickelkies und Maucherit finden sich vorwiegend zusammen mit Kupferkies und den Edelmetallmineralen in offset-Lagerstätten, manchmal auch auf den marginal-Lagerstätten des Südrandes, wo sie als randliche Zone der normalen Sulfiderze und am Hangendkontakt der tiefsten verkieselten Erzzone auftreten.

Gersdorffit hat eine wechselnde Zusammensetzung und weicht von der Formel NiAsS erheblich ab. Vor allem sind noch Co und Fe in nennenswerten Mengen zugegen. Es ergeben sich im einzelnen folgende Werte (Tab. 2).

Bleiglanz tritt in dem normalen Sudbury-Erz nur sehr untergeordnet, vor allem in Form winziger Partien im Kupferkies, auf. In der verkieselten Zone der Frood-Grube ist er jedoch von größerer Verbreitung und enthält eine Reihe von Edelmetallmineralen, vor allem auch Hessit (Ag_2Te), ferner Parkerit ($Ni_3Bi_2S_2$) und Tetradymit (Bi_2Te_3S). In jüngeren Gangtrümchen findet sich ein Bleiglanz, der arm an Spurenelementen ist, zusammen mit Zinkblende sowie Quarz und Karbonat.

Metallgehalte und Verteilung der Metalle

Geht man von der Nickel- und Kupferproduktion der Jahre 1947—1957 aus, so ergibt sich ein ausgebrachtes Ni:Cu-Verhältnis von 1,08, woraus sich ein ungefähr gleicher Anteil von Pentlandit und Kupferkies im Haufwerk errechnen läßt. Die drei wesentlichen Sulfide Magnetkies, Pentlandit und Kupferkies waren demnach in diesem Zeitraum im Verhältnis 70 : 15 : 15 zugegen. Im einzelnen schwanken jedoch die Verhältnisse von Grube zu Grube und je nach den Erzarten, die im Abbau stehen, sowie auch mit zunehmender Tiefe, wie z. B. in der Frood-Grube (Tab. 3).

Kobalt und Selen kommen nicht in besonderen Mineralen vor, sondern sind in zahlreichen Mineralen als Vertreter eingebaut. Nach möglichst reiner Trennung der Minerale erhielt A. J. NALDRETT (1961) folgende Co- und Ni-Gehalte (s. Tab. 4).

Aus den Sudburyerzen werden außer Nickel und Kupfer noch Platin und Palladium, geringere Mengen Rhodium, Ruthenium und Iridium sowie Gold und Silber gewonnen.

Von 1947 bis 1957 wurden jährlich 6500—12000 kg Platinmetalle erzeugt, entsprechend einem mittleren aus-

Tabelle 3

Grube	Erzart	Cu : Ni	M P K C
Creighton	Lieg. Kupfererz	3 : 1	2 : 1
	Derberz	0,5 : 1	
	Einsprengl.-Erz	0,7 : 1	
	Durchschnitt		3,4 : 1
Garson	Durchschnitt	1 : 1	4,7 : 1
Levack	Durchschnitt	0,5 : 1	5 : 1
Murray	Durchschnitt	0,5 : 1	6,6 : 1
Frood	Durchschnitt		5,4 : 1
0— 150 m	Tief. Einsprengl.-Erz		6,39 : 1 : 0,88
550— 820 m	Tief. leicht eingespr. Erz		5,46 : 1 : 1,17
610— 820 m	Dichter eingespr. Erz		5,52 : 1 : 1,24
820—1000 m	Massiges Derberz		3,87 : 1 : 1,97
	Cubanit-Zone		1,79 : 1 : 5,19 : 5,44
	Südl. Kieselerz		0,3 : 1 : 2,10 : 1,60

M = Magnetkies, P = Pentlandit, K = Kupferkies, C = Cubanit

Tabelle 4

Mineral	% Co	% Ni
Gersdorffit	1,38—12,0	15,9—27,7
Maucherit	0,39	
Rotnickelkies	0,024—0,16	
Sperrylith	0,005	0,15
Pyrit, hohe Temperatur	0,15—1,41	0,021—0,07
Pyrit, niedrige Temperatur	0,011	0,024
Pentlandit	0,083—1,62	
Magnetkies	0,012	0,5
Kupferkies	0,005—0,014	0,052—0,33
Cubanit	0,013—0,015	0,36—0,47
Bornit	0,004	0,058
Markasit, Verdrängungserz	0,048—0,22	2,5—4,7
Markasit, jüngere Bildung	0,016	0,032—0,054

gebrachten Gehalt von 0,65—0,9 g/t. Davon waren ungefähr 46% Platin, 41% Palladium und 13% Rhodium, Ruthenium und Iridium.

In den einzelnen Erztypen und Erzmineralen schwanken die Gehalte und Anteilverhältnisse der Platinmetalle erheblich:

			g/t Platinmetall
Magnetkies	Südrand	21 Proben	0,99
,,	offset-Erz	4 Proben	1,76—1,87
Pyrit	Nord- und Südrand	3 Proben	1,9
,,	offset-Erz	1 Probe	4,7
Pentlandit	Südrand	3 Proben	5,4
,,	offset-Erz	1 Probe	10,5
Kupferkies	marginal-Erz	7 Proben	7,7
,,	offset-Erz	1 Probe	8,1

Entstehungsbedingungen der Erze

Das Magma, aus dem sich die Nickel-Eisen-Sulfid-Schmelze ausgeseigert hat, muß einmal eine Temperatur von fast 1100° C besessen haben, wie aus der Abscheidung von Orthopyroxen in dem Norit und aus der Umwandlung basischer Vulkanite und Brekzien zu Pyroxenhornfels zu schließen ist. Der uns bekannte Teil des Eruptivkomplexes muß sehr früh mit gelösten Sulfiden gesättigt gewesen sein, so daß bei beginnender Abkühlung die Differentiation im oberen Teil unter Entmischung und gravitativer Trennung in eine schwere Sulfidfraktion mit geringen Resten gelöster Silikate und in eine leichtere Silikatfraktion mit geringen Mengen gelöster Sulfide begann. Die bei weitem überwiegende Silikatfraktion lieferte durch weitere Kristallisationsdifferentiation den zuunterst abgelagerten basischen Norit, ferner den darüberliegenden kieselsäurereicheren granophyrischen Mikrogranit und restliche Lösungen, die hangende Gesteine feldspatisierten oder zu Granophyr umwandelten.

Tabelle 2

Grube	Ni %	Co %	Fe %	As %	S %	Autor
Falconbridge, 6 Pr.	18,2—22,5	4,3—9,6	6,7—7,4			NALDRETT (1961)
Garson, 6 Pr.	21,2—26,0	1,4—7,0	6,0—6,8			NALDRETT (1961)
Garson	21,4	7,2	6,7	46,8	18,1	MICHENER (1940)
Frood	17,1	12,0	5,0	48,4	18,5	MICHENER (1940)
Frood, 2 Pr.	18,2—27,7	2,5—9,1	5,4—5,6			NALDRETT (1961)
Worthington	26,3	2,0	7,9			BARLOW (1904)

Aus der Ausscheidung der entmischten Sulfidfraktion ging eine Reihe primärer Erztypen hervor. Nach der Ansicht von J. E. Hawley (1962) wanderten die schweren Sulfidschmelzen in die Spaltenzonen der offsets im Liegenden des Norit-Eruptivs (Frood- und Stobie-Gruben) hinab und sammelten sich in Muldenzonen an der Basis des Eruptivs an, wobei sie mehr flach gelagerte Kontaktzonen als steile bevorzugten und schließlich in situ auskristallisierten. Manche Derberze wurden auch als trockene Schmelzen auf Kluft- und Brekzienzonen in das Liegende injiziert. Im kristallisierenden Norit und Quarzdiorit, einem autohydratisierten Norit, schieden sich auch die darin noch enthaltenen Sulfide in feinen Tröpfchen ab und reicherten sich stellenweise zum Einsprenglingserz (disseminated ore) an. Daß die Sulfidschmelze nicht ganz frei von Wasser war, geht aus dem Vorkommen von Amphibol, Biotit, Epidot und anderen wasserhaltigen Mineralien in den Erzen und aus örtlichen Umwandlungen des Nebengesteins hervor. Wahrscheinlich wurde das Wasser aus den Nebengesteinen aufgenommen.

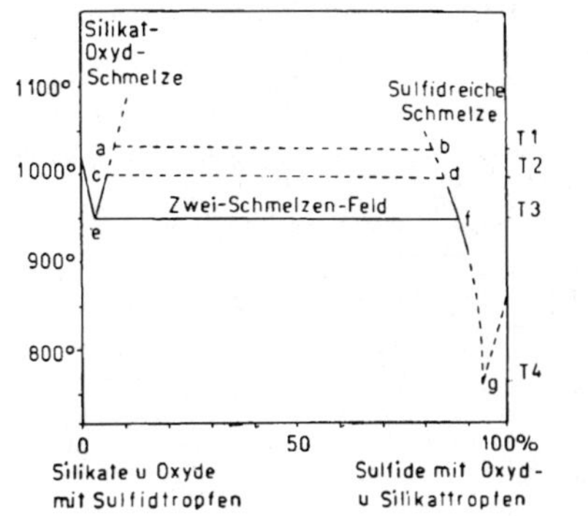

Abb. Binäre Darstellung der Abkühlungs- und Kristallisationsvorgänge sowie der Entmischung der silikatreichen und sulfidreichen Schmelzen

Zwischen a und e werden Sulfidtröpfchen aus der Silikatschmelze und zwischen b und g Oxyd- und Silikattropfen aus der Sulfidschmelze entmischt. Im Feld aefb existieren zwei nichtmischbare Schmelzen. e und g sind die Kristallisationspunkte. Punkt d entspricht etwa dem nichtmischbaren Silikat-Sulfid-Erz der Frood-Grube. Nach J. E. Hawley, 1962.

Als spätere Umwandlungen der primären Erze werden pseudoeutektische Verwachsungen von Nickelarseniden, Magnetkies und Kupferkies mit Quarz gedeutet. Ein aus einem Pentlandit-Pyritgemenge bestehendes mobilisiertes Brekzienerz in der McKim-Grube wird mit einem postnoritischen Granit in Beziehung gebracht, der an den älteren Murray-Granit grenzt.

Als sekundär-hydrothermal werden jüngere gebänderte Erztrümchen mit Bleiglanz und Zinkblende gedeutet, für die ein Alter von 1200 Mill. Jahren bestimmt wurde. Möglicherweise steht auch die Umwandlung von Magnetkies zu Markasit damit in Zusammenhang, die bis zu 1200 m Tiefe festgestellt wurde.

Die jüngste Beeinflussung der primären Nickelmagnetkiese ging, abgesehen von deszendenten Vorgängen, von Olivindiabasgängen aus, die für sich ein Alter von 1050 Mill. Jahren ergab.

Als Beweis für die liquidmagmatische Bildung der Nickelmagnetkiese werden vor allem Sulfidtropfen in dem Norit und Quarzdiorit angeführt, bei denen vielfach noch die runde Form erhalten blieb.

Als Zwischenstufe zum Derberz findet sich gelegentlich ein fast massiges Erz, in dem reichlich gerundete, ovale oder keulenförmige Silikatpartikel schwimmen, die ihre typische Gestalt als viskose Schmelze erhielten und während und nach der Kristallisation mehr oder weniger zerbrochen wurden, so daß die Sulfidschmelze in feinen Trümchen in die Spältchen und Klüftchen eindringen konnte. Bemerkenswerterweise enthalten diese feinkörnigen Quarzdioritpartikel wieder mehr oder weniger fein verteilte Sulfidtröpfchen. Dieser Erztyp wird als nichtmischbares Silikat-Sulfid-Erz (immiscible silicate-sulphide-ore) bezeichnet.

Erze dieses Typs sind relativ selten. Sie sind in den Frood- und Stobie-Gruben dort beobachtet worden, wo sich die beiden nichtmischbaren Schmelzen langsam und vorwiegend in senkrechter Richtung bewegt haben, und zwar im tiefsten Teil des Quarzdioritganges (offset), wo unterlagerndes massiges Derberz den untersten Teil der Spaltenzone anzeigt.

Ein Teil der Sulfiderze ist als Injektionserz von seinem „Sammelbecken“ entweder seitwärts, senkrecht oder in anderen Richtungen in geeignete Strukturen injiziert worden. Im allgemeinen entfernt sich das Erz aber nicht weit von dem Norit.

Die Injektionserze unterscheiden sich in der Textur von den in situ gebildeten Erzen und lassen manchmal Verdrängungserscheinungen erkennen. In den meisten Fällen scheinen die Erze jedoch in lockere Brekzienmassen eingedrungen zu sein, so daß Verdrängungsprozesse stark zurücktreten.

Altersfolge

Die primären Sudbury-Erze lassen sich nach den Untersuchungsbefunden einteilen in:

Frühkristallisate,
Haupterzmineralien,
Spätausscheidungen,

so daß sich folgende Altersfolge ergibt:

I. Frühkristallisate:
Oxyde: Magnetit I, Ilmenit und Verwachsungen
Arsenide: Sperrylith
Gersdorffit, Rotnickelkies, Maucherit
Sulfide: Pyrit I

II. Haupterzmineralien:
Nickelhaltige Magnetkies-Mischkristalle
sog. Reaktionspyrit (untergeordnet)
Magnetit II (untergeordnet)
Pentlandit-Entmischungen aus Magnetkies, zunächst als grobkörnige Ränder, Lamellen, Zwickelfüllung, später als feine Blättchen und Flammen
Eisen-Kupfer-Sulfid-Mischkristalle mit etwas Ni und Zn entmischen sich zu Kupferkies-Verwachsungen mit Cubanit, Valleriit, Magnetkies, Pentlandit und Zinkblende

III. Spätausscheidungen:
Angereichert nur in zonar aufgebauten Erzkörpern. In normalen Erzen entweder fein verteilt oder in fester Lösung. Heazlewoodit, Sperrylith, Wismut-Tellur-Mineralien: Parkerit, Michenerit, Froodit, Schapbachit, ged. Wismut, Wismutglanz, Tetradymit, Hessit; Bornit I mit Kupferkiesentmischungen
Bleiglanz, etwas Zinkblende mit Zinnkies
Ged. Silber mit Bornit II
Ged. Gold

Oxyde und Arsenide kristallisierten zweifellos vor den Sulfiden. Da Oxyde und Arsenide niemals zusammen vorkommen, besteht der Verdacht, daß die Arsenide etwas später entstanden und die Oxyde vollständig verdrängten.

Bei weitem der größte Teil des Pentlandits bildete sich durch Entmischung des nickelhaltigen Magnetkieses. Nur ein verschwindend geringer Teil geht auf die Entmischung eines nickelhaltigen Eisen-Kupfer-Mischkristalls zurück.

Da die Spätausscheidungen aus einer an leichtflüchtigen Bestandteilen etwas angereicherten Restschmelze entstanden, sind sie mit der Bildung wasserhaltiger Mineralien und mit Gesteinsumwandlungen verbunden. Ein Übergang zu hydrothermalen Zustandsbedingungen läßt sich jedoch aus den beobachteten Strukturen nicht erkennen.

Abschließende Betrachtung

J. E. Hawley ist auf Grund seiner langjährigen Studien der Mineralogie und Verwachsungsverhältnisse der berühmten Nickel-Kupfer-Erze des Sudburygebiets zu der Auffassung gekommen, daß die Deutung der Entstehung dieser Lagerstätte von A. P. Coleman und seinen Mitarbeitern (1929) in den Grundzügen richtig ist und auf Grund der neueren Beobachtungen nur einer geringen Erweiterung bedurfte.

Die Entstehung der Sudburylagerstätten durch Segregation aus einer sulfidischen Schmelze wird am besten durch die verschiedenen Erztypen des in situ gebildeten, des Einsprenglings-, des Brekzien-, des massigen Derberzes und des nichtmischbaren Silikat-Sulfid-Erzes an der Basis oder in der Nähe des Eruptivs und in den offsets bewiesen. Dabei sind vor allem das Verhältnis des Silikats zu den Sulfiden, der Hochtemperaturcharakter der Erzminerale, ihre Texturen, Paragenesen und Verteilung kennzeichnende Hinweise. Solche gibt auch die umgekehrte zonare Metallverteilung auf den Frood- und Stobie-Gruben, wo Einsprenglingserze und nichtmischbare Silikat-Sulfiderze im Quarzdiorit nach unten in massige Erze übergehen, die weiter in der Tiefe infolge einer Zunahme an Kupferkies und Cubanit eine Cubanitzone bilden und in einer kieselsäurereichen Zone mit Arsen- und Wismutmineralen, mit Platinmineralen, ged. Gold und ged. Silber, ferner mit Parkerit, Zinkblende und Zinnkies, Bleiglanz und Bornit enden. Zugleich sind die Nebengesteine in charakteristischer Weise zu Natronamphibol, Biotit und anderen wasserhaltigen Silikaten, Quarz und Karbonaten umgewandelt. Diese Verteilung wird vor allem durch eine fraktionierte Kristallisation der magmatischen Sulfide bewirkt, wobei zunächst der nickelhaltige Magnetkies und später Kupferkies und Cubanit kristallisierten. Die anderen niedriger schmelzenden und flüchtigeren Endprodukte, einschließlich Wasser, wanderten nach unten am weitesten vom überlagernden heißen Eruptiv fort.

Diesen verschiedenen Ausbildungen der primären Erze gegenüber sind die gelegentlichen Veränderungen und Beeinflussungen durch spätere Intrusionen oder orogenetische Vorgänge von geringer Bedeutung.

Die von J. E. Hawley (1962) in seinem Buch niedergelegten Vorstellungen über die Lagerstättenentstehung decken sich im wesentlichen mit der von H. Schneiderhöhn (1958) nach gründlicher Durcharbeitung der alten und neueren Literatur geäußerten zusammenfassenden Darstellung der Natur und Genesis der Sudburylagerstätten. Leider ist aus Hawleys Literaturangaben zu schließen, daß ihm die Äußerungen von H. Schneiderhöhn (1958) zur Genese der Sudburylagerstätten offenbar nicht bekannt gewesen sind.

Eine wesentliche Abweichung in den Auffassungen beider Autoren besteht, abgesehen von der veränderten zeitlichen Einstufung, eigentlich nur in der Rolle der offsets. Während H. Schneiderhöhn (1958) sie als Zufuhrkanäle des Norits und des in der Tiefe abgespaltenen Sulfidmagmas betrachtet, in denen der größte Teil des Sulfidmagmas steckengeblieben ist, kommt J. E. Hawley (1962) zu der Vorstellung, daß die offsets manchmal offene Kluftzonen dargestellt haben, die von oben mit Norit- und Sulfidmagma ausgefüllt wurden, die sich in situ gravitativ differenzieren konnten wie auf den Frood- und Stobie-Gruben.

Zusammenfassend ist festzustellen, daß J. E. Hawley (1962) in seinem Werk den neuesten mineralogischen Erkenntnisstand für die Sudburyerze aufgezeigt und viel wichtiges Material für die zunehmende Erkenntnis der ziemlich komplexen Bildungsbedingungen dieses außergewöhnlichen Nickelerzvorkommens beigetragen hat. Damit hat er seine jahrzehntelangen systematischen Untersuchungsarbeiten zu einem würdigen Abschluß gebracht, wofür ihm alle Lagerstättenkundler dankbar sein werden.

Literatur

Barlow, A. S.: Origin, geological relations and composition of the nickel and copper deposits of the Sudbury mining district. – Ont. Geol. Surv. Canada. Ann. Rep. 14, 1904. Nr. 873, 1–236, Rev. u. nachgedr. Ann. Rep. 1907, Nr. 961, 1–244, dazu Atlas und Karten.

Coleman, A. P.: The Sudbury nickel field. – Ont. Bur. Min. Ann. Rep. 14, 3, 1905.

– The Canadian Nickel Industry with special reference to the Sudbury region. – Can. Dept. Mines Branch. Nr. 170, 1913, 198 S. mit geol. Karte.

Coleman, A. P., E. S. Moore & T. L. Walker: The Sudbury Nickel intrusive. – Univ. Toronto Studies, Geol. Ser., 28, 1–54, 1929.

Collins, W. H.: Life history of the Sudbury nickel irruptive. – Trans. Roy. Soc. Canada, 28 (IV), 123–177, 1934.

Cooke, H. C.: Problems of Sudbury geology. – Geol. Surv. Canad. Bull., 3, 1–77, 1946.

– Regional structure of the Lake Huron-Sudbury area. – Struct. Geol. Canad. Ore Dep. Jubilee Vol. Canad. Inst. Min. a Met., 1948, 580–589.

Davidson, S. C.: Falconbridge Mine. – Struct. Geol. Canad. Ore Dep. Jubilee Vol. Can. Inst. Min. a. Met., 1948, 618–626.

Fairbairn, H. W., P. M. Hurley & W. H. Pinson: Mineral and rock ages at Sudbury-Blind-River, Ontario. – Proc. Geol. Ass. Canada, 12, 1960, 41–66.

Hawley, J. E.: The Sudbury ores: Their mineralogy and origin. – The Can. Min., 7, 1, 1962, 1–207.

Hawley, J. E. & L. G. Berry: Michenerite and froodite, palladium bismuthide minerals. – Canad. Min., 6, 1958, 200–209.

Hawley, J. E. & I. Nichol: Selenium in some Canadian sulphides. – Econ. Geol., 54, 1959, 608–628.

Ibrahim, M. A.: Ternary phase in the MgS_4 section of the system Fe–Co–Ni–S. – Master's thesis Nova Scotia Techn. Coll., 1959, unveröff.

Knight, C. W.: Rep. of the Roy. Ont. Nickel Comm. – Toronto 1917, 105–211.

Lewis, C. L.: The minor elements of the Sudbury ore minerals. – Master's thesis, Queen's Univ., Kingston 1950, unveröff.

Lowdon, J. A.: Age determinations by the Geological Survey of Canada. Rep. 2. Isotopic ages. – Geol. Surv. Canada, Paper 61–17, 1961, 1–117.

Michener, C. E.: Minerals associated with larger sulphide bodies of the Sudbury type. – Doctorate thesis, Univ. Toronto 1940, unveröff.

Michener, C. E. & A. B. Yates: Oxidation of primary nickel sulphides. – Econ. Geol., 39, 1944, 506–514.

Naldrett, A. J.: The geochemistry of cobalt in the ores of the Sudbury district. – Master's thesis, Queen's Univ., Kingston 1961, unveröff.

Reh, H.: H. C. Cooke, Probleme der Geologie des Sudbury-Gebiets in Ontario. Ein Beitrag zur Genesis der Nickelmagnetkies-Lagerstätte von Sudbury. – Ref. Geologie, 1, 327–341, 1952.

– Über einen bemerkenswerten neuen Beitrag zur Geologie des Sudbury-Gebietes in Ontario. – Geologie, 6, 112–116, 1957.

– The myth of the Sudbury lopolith. – Ref. Geologie, 9, 210–217, 1960 (1960a).

– The Falconbridge Story. – Ref. Bergakademie, 11, 632–635, 1960 (1960b).

Schneiderhöhn, H.: Die Erzlagerstätten der Erde. Bd. I. Die Erzlagerstätten der Frühkristallisation. – Stuttgart 1958, 315 S., Abschn. Sudbury, 151–178.

Smith, F. G.: Metallic sulphide melts as igneous differentiates. – Canad. Min., 6, 663–669, 1961.

Wager, L. R., E. A. Vincent, A. A. Smales & P. Bartholomé: Sulphides in the Skaergaard intrusion, East Greenland. – Econ. Geol., 52, 1957, 855–903.

Wandke, A. & R. Hoffman: A study of the Sudbury ore deposits. – Econ. Geol., 19, 1924, 169–204.

Yates, A. B.: Properties of International Nickel Company of Canada. – Struct. Geol. Canad. Ore Dep. Jubilee Vol. Can. Inst. Min. a. Met., 1948, 596–617.

Besprechungen und Referate

Feldmann, B. E. & A. T. Bojarow

Über den Einfluß von Klüftigkeit und Dolomitisierung bei Karbonatgesteinen auf ihren spezifischen Widerstand

„Geologija nefti i gasa" (1963), Nr. 2, S. 34–37, 5 Abb.

Der Einfluß der Dolomitisierung bei Karbonatgesteinen auf ihre Speichereigenschaften wird sichtbar aus dem Zusammenhang F = f(p) für verschieden stark dolomitisierte Gesteine (F = Formationsfaktor, p = Porosität).

Um den Einfluß der Dolomitisierung zu charakterisieren, wurden die Gesteinsproben nach dem Verhältnis $\frac{CaO}{MgO}$ in vier Gruppen eingeteilt und für jede Gruppe die Abhängigkeit F = f(p) graphisch dargestellt.

Für reinen Kalkstein $\left(\frac{CaO}{MgO} = 50\right)$ war die Streuung der Punkte recht gering. Sie nahm mit der Dolomitisierung zu und erreichte ihr Maximum bei reinem Dolomit $\left(\frac{CaO}{MgO} = 1{,}4 \text{ bis } 2{,}2\right)$. Versuche haben gezeigt, daß auch für reinen Kalkstein die Abhängigkeit F = f(p) nicht immer nur durch eine Gleichung vom Typ $F = \frac{1}{p^m}$ dargestellt werden kann. In einigen Fällen besteht folgender Zusammenhang: $F = \frac{a}{p^m}$. Bei Versuchen mit Kalkstein des Baschkir erhielt man folgende Ergebnisse:

für p = 10% sind beide Gleichungen gleichbedeutend,
für p < 10% haben die Gleichungen folgendes Aussehen:

$$F = \frac{1}{p^{1{,}723}} \quad \text{und} \quad F = \frac{9{,}27}{p^{1{,}095}}$$

$$\text{für p 10\% ist} \quad F = \frac{1}{p^{2{,}16}} \quad \text{und} \quad F = \frac{3{,}43}{p^{1{,}459}}$$

Da für p > 10% der Zähler annähernd 1 ist, kann für diesen Bereich die Abhängigkeit F = f(p) durch eine Gleichung vom Typ $F = \frac{1}{p^m}$ ausgedrückt werden, für p < 10% jedoch vom Typ $F = \frac{a}{p^m}$

Der Formationsfaktor von wassergesättigten Kluftgesteinen wird nach folgender Formel bestimmt:

$$F_k = \frac{F}{1 + P_k (F - 1)}$$

wobei F_k der Formationsfaktor von Kluftgestein, F der Formationsfaktor desselben als Nichtkluftgestein und P_k die Spaltenporosität ist.

Für P_k erhält man: $P_k = \left(\frac{F}{F_k} - 1\right) \frac{1}{F - 1}$

Da die Klüftigkeit nur bei geringem P auf den Widerstand des Gesteins einwirkt, kann man für

$F = \frac{1}{p^{2,16}}$ und für $F_k = \frac{9,27}{p^{1,095}}$ einsetzen und erhält

$$P_k \approx \left(\frac{0,1}{m} - 1\right) \frac{1}{F_k - 1}$$

W. Turek

Schwaetzer, T.

„Offset shooting", study of faults and structures by well surveys

Vortrag, 23. Tagung (12. XII. 1962) der Europ. Ass. of Expl. Geophys. in Wiesbaden

Die Beobachtung von Laufzeiten seismischer Wellen in verschiedenen Azimuten von einem Schußpunkt aus kann zur Entdeckung von Verwerfungen dienen, wenn die aneinanderstoßenden Gesteine genügend differenzierte Eigenschaften haben. Sie erzeugen dann entsprechende Laufzeitanomalien. Notwendig sind dazu seismische Messungen in Bohrungen. Die andere Möglichkeit ist, von verschiedenen Schußpunkten zu schießen und in einer Bohrung zu beobachten. Mit Hilfe des modernen Akustiklogs lassen sich diese Arbeiten wesentlich exakter und schneller durchführen, weil für die rechnerische Behandlung die Intervallgeschwindigkeiten des Schichtpaketes notwendig sind, die man aber mit Versenkgeophonen nur in mehr oder weniger guter Annäherung erhalten konnte. Nach den Versuchen des Autors treten aber dabei noch störende Einflüsse auf, die Laufzeitanomalien ergeben. Es sind dies: Anisotropie in stark einfallenden Schichten nahe der Verwerfung, verminderte Geschwindigkeit in der mylonitisierten Zone. Die Ermittlung der wahren Geschwindigkeiten ist dadurch zwar nicht mehr möglich, aber die verschiedenen Anomalien an einer Verwerfung wirken zusammen, so daß sie qualitativ entdeckt werden können, und selbst kleine Verwürfe, bei denen sich die Schichtgeschwindigkeiten an beiden Seiten nicht sehr unterscheiden, können dadurch noch erkannt werden. Der Autor konnte das an einigen Beispielen nachweisen. Eine ganz ähnliche Methode wird ja bekanntlich schon längere Zeit verwendet, um die Ränder von Salzstöcken nachzuweisen. Auch hier müßte durch das Akustiklog eine Verbesserung möglich sein.

Als Nebenfrucht der Untersuchungen wurde beobachtet, daß bei Verwendung druckempfindlicher Geophone, die sehr empfindlich auf die Bewegung von Fluiden reagieren, in stark zerklüfteten Zonen ein hoher Geräuschpegel auftrat, der auf die Anwesenheit von Gasen zurückzuführen war.

Meinhold

Dachnow, W. N.

Interpretation der Bohrlochmessungen

„Gostoptechisdat", Moskau 1962, 547 S., 330 Abb., 159 Lit.

Im vorliegenden Buch sind die Hauptaufgaben, die allgemeinen Prinzipien und die wissenschaftlichen Grundlagen der Interpretation der Bohrlochmessungen dargelegt.

Sechs Jahre sind seit der ersten Ausgabe des Werkes vergangen. In diesen Jahren hat sich die Interpretation der Bohrlochmessungen bedeutend weiterentwickelt, und die angewandten Methoden haben sich vervollständigt. Besonders große Veränderungen sind auf dem Gebiet der quantitativen Erforschung der Gesteine auf Grund geophysikalischer Messungen vor sich gegangen, vor allem bei der Bestimmung der Speichereigenschaften und des Öl- bzw. Gasgehaltes. Diesen Veränderungen trägt der Autor voll Rechnung. Auf 538 Seiten stellt er sämtliche zur Zeit in der Sowjetunion angewandten Methoden der Bohrlochmessung dar. Großen Raum nimmt dabei die Interpretation der elektrischen Widerstandsmessungen, der seitlichen Bohrlochsondierung (BKS) und der radioaktiven Methoden ein. Ausführlich wird auch die Interpretation der Messungen des natürlichen und induzierten Potentials dargelegt. Allein 90 Seiten sind der Ausgliederung von Speichergesteinen, der Bestimmung der Speichereigenschaften und des Öl- bzw. Gasgehaltes gewidmet. Dem Buch ist ein Atlas mit Auswertediagrammen beigefügt.

Es wäre wünschenswert, wenn dieses Buch unter den Geophysikern der DDR eine weite Verbreitung finden würde.

W. Gerstenberger

Autorenkollektiv

Die Anwendung von Methoden der Bohrlochgeophysik bei der Untersuchung von Gasspeichergesteinen

„Gostoptechisdat", Moskau 1962, S. 280

Das vorliegende Buch muß als erste systematische Arbeit gewertet werden, die den Fragen der Methodik und Technik der Auswertung von Bohrlochmeßergebnissen bei der Erkundung von Erdgaslagerstätten sowie der Kontrolle der Ausrüstung und der Ausbeutung unterirdischer Gasspeicher gewidmet ist.

Das Buch ist in drei Teilgebiete gegliedert:

1. Die angeführten Arbeiten geben über den heutigen Stand, über die Lösungsmethoden einer Reihe geologisch-bohrlochgeophysikalischer Aufgaben zur Untersuchung von Gasspeichergesteinen Auskunft.

Dachnow, W. N. — Möglichkeiten und Wege zur weiteren Entwicklung der Methoden der Bohrlochgeophysik auf dem Gebiete der Untersuchung des Profils von Bohrungen auf Erdgas.

Larionow, W. W. — Berücksichtigung der veränderlichen Bohrlochparameter bei radiometrischen Meßergebnissen.

Galuw, J. B. — Die Möglichkeit der quantitativen Einschätzung der Gassättigung des Speichergesteins mit Hilfe des n-γ-Logs.

Pestrikow, A. S. — Komplexe Interpretation von Diagrammen des n-γ-Log und der Elektrometrie bei inhomogenen karbonaten Speichergesteinen. (Diese Arbeit behandelt die Frage der Bestimmung der Ölhöffigkeit und die Lage des Wasser-Öl-Kontakts mit Hilfe der gemeinsamen Interpretation von Ergebnissen des n-γ-Log und des elektrischen Scheinwiderstands, was eigentlich der Thematik des Buchs nicht entspricht. Jedoch können die Schlüsse des Autors über die Bestimmung der Ölhöffigkeit des Speichergesteins und über die Lage des Öl-Wasser-Kontakts benutzt werden, wenn die Tiefe der Infiltration der Spülung größer ist als der Erforschungsradius des n-γ-Log.)

Galuw, J. B. — Die Methodik radiometrischer Messungen bei hohen Drücken, d. h. unter Bedingungen, die bei der Untersuchung sich in Ausbeutung befindlicher Sonden bestehen usw.

2. Ergebnisse der Anwendung von Methoden der Bohrlochgeophysik in einigen Erdgasprovinzen der Sowjetunion. Es werden Beispiele der Untersuchung von Gassonden und Methoden der Interpretation von derartigen Meßergebnissen gegeben.

3. In den Arbeiten werden Erfahrungen der Anwendung von Methoden der Bohrlochgeophysik bei der Erkundung, dem Aufbau und der Ausbeutung von unterirdischen Gasspeichern verallgemeinert.

Holin, A. J. — Spezifik der Anwendung von Methoden der Bohrlochgeophysik zur Einschätzung der wichtigsten Parameter der Speichergesteine — der Objekte des Einpumpens von Gas.

Posin, L. E. — Anwendung eines differenzierenden Thermometers bei Erdgaslagerstätten und in Gebieten unterirdischer Gasspeicher usw.

Trotz des geringen Umfanges der Arbeiten zeigen sie doch genügend überzeugend die hohe Effektivität von Methoden der Bohrlochgeophysik als Mittel der Kontrolle über die Ausbreitung des Gases im Speichergestein. K. Bentzko

Snegirew, N. P.

Einige Fragen zur Bohrung von Sonden für die unterirdische Gasspeicherung

„Gostoptechisdat", Moskau 1962, S. 172—175

Verf. betrachtet Fragen der Auswahl von Bohranlagen, der Verrohrung, der Zementierung und der Kontrolle des hermetischen Abschlusses eines Gasspeichers.

1965 sind für das Anlegen unterirdischer Gasspeicher

90000 m Erkundungsbohrung und 120000 m Strukturbohrung geplant.

Obwohl seit 1957 die Bohrarbeiten auf diesem Gebiet sprunghaft angestiegen sind und bereits gute Ergebnisse erzielt werden konnten, sind die Selbstkosten für den Bohrmeter noch viel zu hoch. Sie liegen bei einer mittleren Teufe von 600 m für den Bohrmeter bei 66,9 Rubel.

Einer der Gründe hierfür ist in der unzweckmäßigen Bohrausrüstung zu suchen.

Das Hauptkriterium zur Auswahl der Bohrausrüstung ist — nach Meinung des Autors — die maximale Zyklusgeschwindigkeit. Hieraus ergibt sich, daß stationäre oder auch unselbständig bewegbare Bohranlagen bis zu Teufen von 1000 m unrentabel sind.

Der Autor hält Teufen von 400 bis 800 m für unterirdische Gasspeicher für günstig, da bei geringeren Teufen die Deckschichten unzuverlässig sein können, bei größeren Teufen jedoch die Daten für die Erbohrung der Struktur und die Kompressorenkosten erheblich ansteigen. Zur Zuverlässigkeit der Verrohrung verweist Verf. auf die besondere Wichtigkeit des hermetischen Verschlusses, um ein Eindringen des Gases in höhere Schichten und ein Ausströmen an die Oberfläche zu verhindern. Hydraulisches Abdrücken der Rohrgewinde wird vorgeschlagen. Als besonders zweckmäßig wird die Verwendung von 5″-Rohren empfohlen. Vor der Zementierung ist die Bohrlochwand zu säubern. Als korrosionsfeste Zemente haben sich tonerdehaltige, plastifizierte und andere Zemente erwiesen. Am zweckmäßigsten erscheinen solche, die selbst feindispers sind und die Fähigkeit besitzen, in Gesteinsporen einzudringen und beim Verhärten zu quellen (Quellzement).

Am Schluß der Arbeit empfiehlt der Autor, Kontrollen des hermetischen Abschlusses der Sonden mit Hilfe radioaktiver Isotopen durchzuführen. H.-J. Kamps

Grimm, R. D., F. W. Hunter & R. W. Ward

Completion techniques for gas storage wells

„World Oil", Bd. 155, Nr. 7 (1962), S. 68–73, 3 Abb.

Die Ausführungen beziehen sich auf den 55 km westlich von Des Moines liegenden Redfield-Aquiferspeicher der Northern Natural Gas Co. in Dallas County, Iowa. Mitte 1953 begannen die Arbeiten für den Aufschluß des ordovizischen St. Peter-Sandsteins. Der Horizont liegt im Top der Antiklinale in 530 m Teufe und ist etwa 10 m mächtig. Nachdem der St. Peter-Sandstein durch ein 2 Jahre umfassendes Gas-Testprogramm untersucht worden war, erfolgten 1957 weitere Bohrungen zum Aufschluß des im Liegenden befindlichen Mt. Simon-Sandsteins. Dieser kambrische Horizont ist ein konglomeratischer Sandstein von 34 m Mächtigkeit. Er liegt diskordant auf Präkambrium. Die Teufenlage beträgt im Top rund 810 m.

Das gesamte Projekt umfaßt 104 Sonden, und zwar 33 Einpreß- bzw. Entnahmesonden im St. Peter-Sandstein und 27 im Mt. Simon-Sandstein. 11 Entnahmebohrungen wurden in die Dolomite der Galena- und Elgin-Stufe niedergebracht, da das Gas durch die 20 m mächtige Tonstein-Dolomit-Abdeckung des St. Peter-Sandsteins ins Hangende migriert. Für diese drei Sondengruppen sind separate Leitungssysteme vorhanden. Weitere 33 Sonden sind für Beobachtungszwecke in anderen Horizonten eingerichtet worden. Die eingespeicherten Erdgasmengen des Jahres 1961 werden mit $1{,}3 \times 10^9\ m^3$ für den Mt. Simon-Sandstein und $1{,}1 \times 10^9\ m^3$ für den St. Peter-Sandstein (einschließlich Elgin-Dolomite) angegeben.

Bei den Sonden des oberen Horizonts wurden bis ca. 60 m 16″-, bis etwa 400 m $10^3/_4$″- und bis zur Unterkante des Sandsteins 7″-Verrohrungen eingebaut. Die entsprechenden Rohrtouren für den unteren Horizont sind 18″, $13^3/_8$″ und $8^5/_8$″ sowie eine Endverrohrung von $5^1/_2$″. Sämtliche Rohrtouren wurden bis zur Oberfläche zementiert. Für die durch die Speicherhorizonte führenden Verrohrungen benutzte man gänzlich oder teilweise Spezialzemente. Maßnahmen zur Säuberung der Bohrlochwandungen, der Gewindeverbindungen, zur Abbindebeschleunigung und die Verwendung von Zentralisatoren ergänzen das Programm. Auf den $10^3/_4$″–$13^3/_8$″-Rohrtouren montierte Blowout-Preventer dienten zur Bohrlochsicherung.

Spülungsprobleme traten in mehrfacher Hinsicht auf. Einmal wegen der relativ großen Entfernung von entsprechenden Versorgungsbasen, vor allem aber infolge der Spülungsbeeinflussung und -verluste in der aus Dolomit, Anhydrit und Gips bestehenden Folge des Devons. Die angewandten Verfahren zur Ausschaltung dieser Schwierigkeiten werden erläutert.

Die Perforation im Speicherhorizont erfolgte mit Kugelperforatoren (4 Schuß/ft.). Vor dem Einbau der Tubings wurden die Sonden zur Entfernung von Sand und Zementpartikeln verschiedene Zeit voll geöffnet. Frac-Behandlungen wurden teilweise durchgeführt, wobei in jedem Fall Leistungsverbesserungen zu verzeichnen waren.

Die wesentlichsten Teile der Übertageausrüstung der Sonden werden anschließend beschrieben. W. Lange

Lipowetzki, A. J., W. S. Danjuschewski & I. A. Beditschew

Untersuchungen über den Einfluß von filtrierenden Salzlösungen auf die Permeabilität des Zementsteins

„Erdöl und Erdgas", Nr. 1, Moskau 1962

Im Bohrloch unterliegt der Zement einer Reihe von Einflüssen, die wesentlich seine Zusammensetzung und Eigenschaften verändern können. Eine große Rolle spielen dabei auch die eindringenden stark mineralisierten Schichtwässer, deren Elektrolyte mit den Hydratationsprodukten des Zements reagieren. Wird im Bohrloch zur Zeit der Zementation kein Wasserzufluß beobachtet, braucht man ein Versalzen der noch flüssigen Zementschlämme nicht zu berücksichtigen.

Die durchgeführten Versuche beginnen 24 Std. nach dem Anmachen des Zementmörtels. Gemessen wird die Filtration von Salzlösungen in 48 Std. durch einen Zementprüfkörper von 12 × 15 mm. Verwendet wurde Karadagsker Zement. Die Messungen fanden bei Zimmertemperatur statt. Untersucht wurde der Einfluß von destilliertem Wasser, $Ca(OH)_2$-, NaCl-, $CaCl_2$-, $MgCl_2$-, $CaSO_4$- und $MgSO_4$-Lösungen. Die stärksten Auslaugungseffekte stellte man bei dest. H_2O fest, welches das bei der Hydratation des Zements gebildete $Ca(OH)_2$ löst und auslaugt. Bei Verwendung von Salzlösungen konnte keine Erhöhung der Permeabilität gegenüber dest. H_2O festgestellt werden. Im Gegenteil, bei Erhöhung der Salzkonzentration nimmt die Permeabilität allgemein beträchtlich ab. Bei Lösungen verschiedener Salze addieren sich die Effekte nicht.

Die Wirkung der Salze auf den Zement ist offensichtlich unterschiedlicher Art. Durch NaCl- und $CaCl_2$-Lösungen wird wahrscheinlich das gebildete Zementgel verdichtet und die Permeabilität stark herabgesetzt. Bei hohen Konzentrationen kann es auch zum Auskristallisieren der Salze kommen. Unter Einwirkung von $CaCl_2$ kann die Bildung von $3\,CaO \cdot Al_2O_3 \cdot CaCl_2 \cdot 10\,H_2O$, bei Sulfatlösungen die Bildung von Ettringit zur Verdichtung des Zements führen. Mg-Salze verringern die Permeabilität durch Ausfällen von $Mg(OH)_2$. Frühere Untersuchungen haben gezeigt, daß bei längerer Einwirkung der Salze starke Korrosionserscheinungen eine Festigkeitsabnahme und völlige Zerstörung des Zementes hervorrufen. Nach Moskwin kann die durch uns festgestellte anfängliche Verminderung der Permeabilität das Anfangsstadium dieser Korrosionsprozesse darstellen.

K. Schulze

Maucher, A.

Die Lagerstätten des Urans

„Die Wissenschaft", Vieweg & Sohn, Braunschweig 1962; Bd. 119, 162 S., 19 Abb., 9 Taf.

Die fortschreitende technische Entwicklung und der damit in engem Zusammenhang stehende wachsende Energiebedarf hat die Geologen immer wieder vor die Notwendigkeit gestellt, neue Energiequellen zu suchen. Neben der Suche nach Erdöl und Erdgas haben nach dem 2. Weltkrieg die Sucharbeiten auf Uran in der ganzen Welt sprunghaft zugenommen und zum Nachweis beträchtlicher Uranvorräte geführt. Es ist das Anliegen vorliegenden Werkes, durch Verarbeitung aller verfügbaren Daten über die Lagerstätten des Urans einen Überblick über unseren derzeitigen Kenntnisstand auf diesem Gebiet zu vermitteln und damit eine im deutschen Schrifttum noch bestehende Lücke zu schließen. Der Stoff wird in leicht verständlicher Form dargeboten, so daß dieses Buch auch einem Personenkreis zu empfehlen ist, der nicht aufs engste mit den Problemen der Geologie und Lagerstättenforschung vertraut ist.

Nach einem kurzen geschichtlichen Überblick, einer Diskussion zum CLARKE-Gehalt des Urans und einer Definition des Begriffs „Lagerstätte" ist das Wesentliche über die Geochemie des Urans zusammengestellt und durch eine interessante Betrachtung über das Uran im Schalenbau der Erdkruste ergänzt. Dem Hauptteil des Buches sind beachtenswerte „Allgemeine Überlegungen zur genetischen Klassifikation von Lagerstätten und zur Herkunft der Magmen" vorangestellt. Die vergleichende Betrachtung der bekannten speziellen Klassifikationen der Uranlagerstätten wirkt etwas verwirrend und läßt zugleich das Fehlen einer befriedigenden Klassifikation erkennen. Auffällig ist hierbei die weitgehende genetische Untergliederung der endogenen Uranlagerstätten, zu denen allerdings nur ein geringer Teil der bauwürdigen Uranvorräte der Welt gehört. Im Hauptteil des Werkes sind alle bekannten Lagerstätten bzw. Lagerstättentypen des Urans erfaßt. In knapper, für einen Gesamtüberblick aber ausreichender Form wird ihre lagerstättengeologische Situation dargestellt und auf ihre zum Teil problematische Genesis eingegangen; auch werden Hinweise zur Ökonomie dieser Lagerstätten gegeben. Den Abschluß bildet eine kurze Betrachtung über Uranprovinzen und Uranvorräte und eine Zusammenstellung der wichtigsten Uran- und Thorium-Mineralien. Sehr wertvoll ist das 243 Angaben umfassende Literaturverzeichnis. M. KRAFT

Autorenkollektiv

Die Entwicklungsgeschichte der Erde

Brockhaus-Taschenbuch der Geologie

Brockhaus-Verlag, Leipzig 1962. Nachdruck der 2. Auflage, 772 S., 229 Abb., 47 Tab., 46 Taf. mit ABC der Geologie, Literaturhinweisen und Register, 13,80 DM

Die Nachfrage nach diesem übersichtlichen und gründlichen Werk ist derart groß, daß sich der Verlag genötigt sah, einen Nachdruck der 2. Auflage (46.—60. Tausend) auf den Markt zu bringen. Gegenüber der früheren Ausgabe weist dieses Buch einige wesentliche Ergänzungen und Vervollständigungen auf. Der Kreis der Mitarbeiter hat sich erweitert. Insgesamt konnten einige neue Abbildungen und Tabellen mit Text beigefügt werden.

Von besonderer Bedeutung ist die Herausnahme des „Bodens" und der „Bodenbildung" aus der allgemeinen Gesteinsbildung und die Behandlung dieses Themas als eigenes Kapitel. MANFRED WÜNSCHE ist dieser Aufgabe zufriedenstellend gerecht geworden.

Des weiteren sind als Bereicherungen hinzugekommen ein Kapitel über Isotopengeologie von ROBERT LAUTERBACH und ein Kapitel über technische Gesteinskunde von HELMUT BERGER. Auch fand die Behandlung geochemischer Fragen etwas mehr Raum.

Diese Zusätze und Erweiterungen zeigen, daß Verlag und Mitarbeiter bemüht waren, den neuesten Stand unseres Wissens und unserer wissenschaftlichen Methoden widerzuspiegeln. Es wird ihnen gern bestätigt, daß dies in vorzüglicher Form gelungen ist.

So stellt diese Neuausgabe des bereits bekannten und eingeführten Fachbuchs eine Bereicherung dar, deren Kenntnis sowohl den Fachleuten wie auch Studierenden und allen geologisch interessierten Menschen empfohlen werden kann.

K. KAUTER

BÜLOW, K. v.

Geologie für Jedermann

„Urania-Verlag", Leipzig, Jena, Berlin 1962, 7. verb. Auflage, 179 Abb. im Text, 124 Abb. auf 33 Schwarzweißtafeln, 8 Farbtafeln, 14,80 DM

Seitdem 1941 die erste Ausgabe der „Geologie für Jedermann" herausgekommen ist, erlebt dieses Buch jetzt seine 7. Auflage. Dies ist ein Ausdruck dafür, wie ungemein populär und nützlich diese allgemeinverständliche Darstellung der geologischen Wissenschaft ist.

Gegenüber früheren Auflagen ist eine Verbesserung in der Ausführung bezüglich des Papiers festzustellen. Die Farbtafeln sind jetzt sämtlich in blauem Untergrund gehalten, der wesentlich dezenter wirkt als die frühere Darstellung in Rot. Von den Textzeichnungen wurde ein Schema der Entstehung von Faltengebirgen gegen ein gefälligeres ausgewechselt. Die übrigen Darstellungen und die Anordnung des Textes konnten beibehalten werden. Die Abbildungen auf den Schwarzweißtafeln sind gegenüber früheren Reproduktionen leider etwas unschärfer ausgefallen.

Die Grundfragen und Probleme der Geologie als Wissenschaft, die die produktionsnotwendigen Rohstoffe sucht, erkundet und zum Abbau bereitstellt, werden in immer stärkerem Maße zum Gegenstand des Interesses breiter Bevölkerungskreise.

In diesem Sinne wird das vorliegende Buch auch weiterhin sein gutes Teil zu einer gedeihlichen Vorwärtsentwicklung beitragen.

K. KAUTER

MÜLLER, A. H. & H. ZIMMERMANN

Aus Jahrmillionen — Tiere der Vorzeit

Verl. Gustav Fischer, Jena 1962, 290 überwiegend ganzseitige Abbildungen, 1 Tab. (Beil.), 409 S., Ganzleinen 30.— DM

In den Dokumenten des VI. Parteitages der SED wird wiederholt die Geologie als eine der immer deutlicher heraustretenden wissenschaftlichen Produktivkräfte unseres Staates angesprochen. Das vorliegende Buch trägt in hervorragendem Maße einer Verbreitung des geologischen Denkens und Forschens in unserem Volk Rechnung. Bei Wahrung des wissenschaftlichen Charakters der eingefügten, stark eingeschränkten Textstellen dieses Bildbands ist es gelungen, durch ausgezeichnete Aufnahmen und Reproduktionen ein Werk zu schaffen und zu gestalten, das Wissenschaftler, Fachexperten und Naturfreunde in gleichem Maße begeistern kann. Es werden Abbildungen von Versteinerungen aller Klassen der lebenden Materie in einmaliger Einprägsamkeit geboten. Der Stoff ist klar gegliedert und reicht von den Resten ältester bisher bekannter Lebewesen bis zu den Säugetieren, wobei jeweils einige typische Vertreter oder charakteristische Teile von ihnen gezeigt werden.

Ein abschließendes Verzeichnis mit Angaben über den Aufbewahrungsort der Originale vervollständigt die Zusammenstellung und rundet den wissenschaftlichen Gehalt des Dargebotenen ab.

Den beiden Verf., Prof. Dr. A. H. MÜLLER als Herausgeber und H. ZIMMERMANN als Fotograf und technischem Mitarbeiter, gebührt neben dem Verlag der Dank aller Naturfreunde und Wissenschaftler für das großartige Werk.

K. KAUTER

Neuerscheinungen und Literaturhinweise

GAMBURZEW, G. A.

1. Arten der Erkundung mit der KMGW-Methode
2. Strukturelle Besonderheiten der Erdkruste im Gebiet des nördlichen Tien-Schan nach Ergebnissen der seismischen Tiefensondierung und Gegenüberstellung mit Ergebnissen der Geologie, Seismologie und Gravimetrie

Isbrannye trudy, Moskau 1960

MALACHOWA, N. P. u. a.

Die Moskauer und Gshelsker Stufe im mittleren Ural

Trudy gorno-geolog. Instituta, AN SSSR, Swerdlowsk 1961, 84 S.

BABUSCHKIN, W. D. u. a.

Die Hauptrichtungen der Ausbeutung und die Vorratsbemusterung von sehr großen Süßwasserlinsen

Gosgeoltechisdat, Moskau 1961, 101 S.

TSCHAJKOWSKIJ, W. K.

Geologie der Zinnerzlagerstätten im NE der UdSSR

Gosgeoltechisdat, Moskau 1960, 334 S.

TSCHERNOUSOW, J. M.

Lehrbuch der allgemeinen Geologie der Kohlenlagerstätten

Gosgeoltechsidat, Moskau 1962, 294 S.

Nachrichten und Informationen

Kolloquium über Tiefenerkundung

Der Tiefenerkundung, die in den letzten Jahren im Interesse sowohl der Grundlagenforschung wie auch der Lagerstättenerkundung mehr und mehr in das Blickfeld der Forschung getreten ist, galt das Kolloquium des Fachverbandes Geophysik der Geologischen Gesellschaft in der DDR, das am 11. April 1963 in Leipzig unter der Leitung von Prof. R. LAUTERBACH stattfand und von einer größeren Zahl von Teilnehmern aus der DDR, überwiegend Geophysikern, besucht wurde. Prof. O. MEISSER, Freiberg, der als erster Vortragender über „Entwicklungstendenzen und Aufgaben für das Upper Mantle Project" sprach, hob eingangs hervor, daß die geologische und geophysikalische Tiefenerkundung eine konkrete Aufgabe sei, die uns in der DDR vom VI. Parteitag und dem 17. Plenum des ZK der SED gestellt wurde. Dabei haben unsere Bemühungen vor allem der Schwerpunktaufgabe der Erdölerkundung zu dienen. In Reinkenhagen konnten wir einen nicht nur praktischen, sondern auch wissenschaftlichen Erfolg erzielen, der allgemeine Beachtung fand; denn erstmalig in Deutschland gelang es uns dort, aus dem Zechstein Erdöl zu gewinnen. Die DDR beteiligt sich aber auch an der internationalen Zusammenarbeit, die seit dem ersten Geophysikalischen Jahr ihren Fortgang nimmt, und ist dabei durch ein Komitee vertreten. Ferner galten das im Vorjahr in Leipzig abgehaltene internationale Symposium über rezente Erdkrustenbewegungen sowie die in Jena stattgefundene Tagung der europäischen seismologischen Union dieser Zusammenarbeit, die gerade in der Geophysik einer alten internationalen Tradition entspricht. Prof. MEISSER wies auf die umfassende Moskauer Materialsammlung über die Konferenzen des COSPA (Committee for Space Research) hin und gab sodann einen Überblick über die bisherigen Ergebnisse der Kooperation auf seismologischem, gravimetrischem, geomagnetischem, insbesondere auch paläomagnetischem Gebiet und über die neuen Methoden, die dabei zur Erforschung der Tiefenschichten der Erdrinde und des Oberen Mantels entwickelt wurden. Eine Anzahl von instruktiven Karten und graphischen Darstellungen unterstützten diese interessanten Ausführungen. Als besondere Erfolge hob er die Ergebnisse über die Hebungs- und Senkungsgeschichte im Gebiet der VR Polen sowie die sowjetischen Arbeiten über die Wärmeflußbestimmung aus dem Erdinneren hervor. Auch in der DDR werden Aufgaben wie die der Wärmeflußbestimmung und der gravimetrischen Abdeckung weiterhin verfolgt.

Allgemeine Probleme der Tiefentektonik in enger Bindung an ein regionales Objekt, und zwar des uns nahen mitteleuropäischen Raumes, aufzurollen, unternahm Prof. R. LAUTERBACH in seinem Vortrag über „Die Sonderstellung des Flechtinger Schweremassivs".

Dieses Schweremassiv war dabei zwar ein Kernpunkt, jedoch in Zusammenhängen, welche die auch für die Lagerstättenerkundung so wichtigen Grundfragen der mitteleuropäischen Tiefenschichten und ihrer Grenzflächen sowie darüber hinaus allgemeine Fragen der Erdrinde betrafen. LAUTERBACH knüpfte an den Gedankengang seines auf der 8. Jahrestagung der Geologischen Gesellschaft in der DDR, Leipzig 1961, gehaltenen Vortrags über rhenotype Strukturen Mitteleuropas an und führte ihn, gestützt auf weitere Ergebnisse, fort. Damals hatte er von dem, vermutlich auf rheinischer Uranlage beruhenden, Schollenspan vom Odenwald bis zum Prignitzblock gesprochen, dessen säumende, rheinisch streichende Tiefspalten immer neue Förderzonen hervorbrachten, wobei die jüngeren Strukturen die randliche Rißbildung reproduzieren. Dieses Doppellineament, das der Mittelmeer—Mjösen-Zone angehört, führte nunmehr zu den Fragen der Reliefs der CONRAD- und der FÖRTSCH-Diskontinuität und zu deren Ursächlichkeit. Das zwischen den beiden Tiefspalten gelegene Flechtinger Schweremassiv bietet einen wichtigen Hinweis dadurch, daß hier einer bedeutenden gravimetrischen Anomalie keinerlei magnetische Andeutung entspricht. Als Ursache kommt in Frage, 1. daß das Massiv eine nur geringe magnetische Suszeptibilität besitzt, 2. daß seine Temperatur die Curie-Temperatur überschreitet, 3. daß ein trennender, etwa granodioritischer Störkörper vorhanden ist. In jedem Falle scheint hier ein Kernmassiv vorzuliegen, daß schon durch vorkaledonische, vielleicht sogar algonkische Gliederungen stabilisiert wurde. Die saxonische Tektonik habe, wie auch H. REICH annimmt, die vorkaledonischen Anomalien nur nachgezeichnet. Die Abhängigkeit der späten Tektonik der Oberschichten von den durch die Tiefenschichten — bis hinab zum Oberen Mantel — vorgegebenen Uranlagen bildete weiterhin den Hauptgegenstand des die Kernfragen der Tiefe berührenden, von eindrucksvollen Bildbeigaben begleiteten Vortrags. Immer deutlicher schälte sich heraus, von wie großer Bedeutung diese Tiefenuntersuchungen, deren Unabgeschlossenheit Prof. LAUTERBACH unterstrich, für die weitere Erforschung der mitteleuropäischen Tektonik und damit auch der Lagerstättenerkundung sein werden. Das zeigte sich auch in der sehr lebhaften Diskussion dieses Vortrags, bei der mehrere der an diesen Untersuchungen Beteiligten ihre Fragen und Erwägungen vorbrachten.

Ein dritter Vortrag, gehalten von Dr. E. THOMAS, Oldisleben, galt dem seismischen Laufzeitplan der DDR und gab einen Überlick über das für die Tiefenerkundung sehr wesentliche seismische Beobachtungsmaterial und den Stand der Forschung auf diesem Gebiet.

H. HAVEMANN

11. Treffen Fachverband Mineralogie

Am 4. und 5. April 1963 veranstaltete der Fachverband Mineralogie der Geologischen Gesellschaft in der DDR gemeinsam mit dem Institut für Mineralogie der Humboldt-Universität (Direktor Prof. Dr. KLEBER) ein Symposium über „Probleme der Mineralogie in der Technik". Die Tagungsleitung hatte Dr. BAUTSCH. Auf dem Symposium wurde u. a. über mineralogische Fragen beim Abbinden von Zement, bei der Flotation, der Untersuchung von Schlacken, der Entwicklung von elektrotechnischen Werkstoffen u. ä. berichtet.

Dem Symposium schloß sich das 5. Absolvententreffen des Instituts an, auf dem auch petrographisch-geochemische Themen diskutiert wurden. So sprach W. GOTTESMANN zur Mineralogie des Werraanhydrits in Südbrandenburg, C. SIEGERT zur Geochemie der Vulkanite des Halleschen Permokarbonkomplexes und B. GOTTESMANN zur Fazies sedimentärer Eisenerze am Beispiel Sommerschenburg.

KAEMMEL

Erdöl/Erdgas

1,2 Mrd. t Welterdölproduktion 1962

Die Welterdölproduktion steigt in immer schnellerem Tempo. 1961 betrug die Steigerung gegen das Vorjahr 6,5%, 1962 beträgt sie 8,2%. Nach Berechnungen des Petroleum Press Service (Erdöl-Zeitschrift, Wien, Jan. 1963) wurden 1962 1210 Mill. t gefördert, 91 Mill. t mehr als 1961. In der absoluten Produktionszunahme steht die UdSSR mit etwa 20 Mill. t an der Spitze. Venezuela folgt mit 14,5 Mill. t, Kuweit mit 10,5 und Libyen mit 8,5 Mill. t. Die prozentuale Zunahme war bei Libyen, Nigeria und Algerien am größten. Die afrikanischen Erdölländer liefern heute bereits doppelt soviel Erdöl wie ganz Westeuropa. Die USA sind zwar noch der bei weitem größte Produzent, weisen jedoch nur eine Zuwachsrate von 1,4% auf, während Kanada mit 34 Mill. t 14,3% mehr als im Vorjahr produzierte und Venezuela mit 9,3% Zuwachs 166,5 Mill. t erreichte. Der Nahe Osten lieferte mehr als ein Viertel der Weltförderung, an der Spitze Kuweit mit 93 Mill. t, während Abu Dhabi als neues Ölland gleich mit 800000 t auftritt. Außerordentlich ist auch der Sprung Libyens von 700000 auf 9250000 t.

Die nachfolgende Aufstellung des Petroleum Press Service ist als vorläufig zu nehmen:

Welterdölproduktion, in 1000 t

	1961	1962
USA	353432	359000
Sowjetunion	165900	186000
Venezuela	152147	166500
Kuweit	82482	93000
Saudiarabien	69227	75000
Iran	58700	65000
Irak	49030	49000
Kanada	29733	34000
Indonesien	21270	22400
Algerien	15638	20400
Mexiko	15213	16200
Argentinien	12148	13500
Neutrale Zone	9800	12000
Rumänien	11582	11600
Libyen	700	9250
Qatar	8382	8800
Kolumbien	7456	7200
Trinidad	6559	6900
Westdeutschland	6204	6776
China	5500	5500
Ägypten	3766	4300
Brasilien	4545	4300
Britisch-Borneo	4175	3800
Nigeria	2292	3300
Peru	2568	2900
Frankreich	2164	2400
Österreich	2356	2380
Bahrein	2250	2250
Niederlande	2046	2150
Italien	1972	1780
Jugoslawien	1342	1650
Ungarn	1455	1600
Chile	1207	1480
Indien	442	980
Gabun	877	950
Abu Dhabi	–	800
Japan	666	750
Albanien	650	740
Burma	562	580
Türkei	414	540
Angola	104	500
Pakistan	378	470
Bolivien	354	390
Übrige Länder	1453	1428
	1119141	1210444

—Ha—

Münsterland 1

Von der europäischen Rekordbohrung Münsterland 1, über die wir in Heft 4/1963 dieser Zeitschrift berichteten, liegen folgende technische Einzelheiten vor:

Erster Bohrtag: 10. Juli 1961
Letzter Bohrtag: 5. Dezember 1962
Gesamtbohrzeit: 500 Tage

Bohrprogramm: 0 — ca. 1800 m mit $17^1/_3''$
— ca. 4000 m mit $12^1/_4''$
— 5956 m (Endteufe) mit $8^1/_2''$

Verrohrungsprogramm: 0 — ca. 1800 m $13^3/_8''$
— ca. 4000 m $9^5/_8''$

Die technische Ausstattung bestand aus: Viermastturm (Eikomag), Wirth-Hebewerk GH 1400 mit 45 t Zugkraft, 3 Maybach-Motoren mit je 650 PS, 3 Wirth-Spülpumpen $6^3/_8$ mal 12/500. —K—

Das Erdöl von Brunei und Sarawak

Von den fünf malaiischen Staaten, die beschlossen haben, sich 1963 zu dem Staatenbund Malaisien zu vereinigen (nämlich Malaiische Föderation, Stadtstaat Singapur, Nordborneo, Brunei und Sarawak), besitzt nur Brunei eine große und Sarawak eine kleine Erdöllagerstätte. Singapur ist eines der größten Erdöl-Umschlagszentren der Welt. Die Ein- und Ausfuhr erreichte 1961 rund 3,5 Mill. t. Von den zwei Raffinerien wurde die eine 1961, die andere im März 1962 in Betrieb genommen.

In Brunei auf Borneo wurde 1929 in dem Ölfeld Seria in geringen Teufen ein schweres Rohöl entdeckt, 1932 wurde in 1525 m Teufe leichtes Erdöl erbohrt. 1957 erreichte die Förderung ca. 15500 t täglich, ging dann aber mit der Abnahme der Vorräte auf ca. 10000 t täglich zurück. Mit der Sekundärförderung wurde in Seria begonnen. Eine andere Lagerstätte in Brunei, Dscherndong, 72 km nordöstlich von Seria, produziert gegenwärtig weniger als 27 t pro Tag.

Der Erdölvorrat des Nachbarstaates Sarawak ist wesentlich geringer. Das Feld Miri wurde dort 1911 entdeckt und erreichte 1929 mit etwa 2000 t/Tag seine höchste Produktion. Diese ging dann schnell zurück und steht heute bei weniger als ca. 150 t pro Tag.

Aus dem Erdgas der Ölfelder von Brunei und Sarawak, wovon das Feld Seria allein 3,5 Mill. m³/Tag fördert, werden rund 230 t/Tag Naturbenzin gewonnen. —Ha—

Sonstiges

Weltenergiebedarf und Kohlenproduktion

Die in mehreren Ländern Westeuropas unbedenklich durchgeführte „Schrumpfung" der Kohlenproduktion steht nach dem Urteil britischer und amerikanischer Experten zu den Anforderungen an die Kohle, die für die nächsten zwanzig Jahre zu erwarten sind, in krassem Widerspruch. In einem Artikel der Beilage „World Energy" der britischen „Financial Times", Nr. 22809, Febr. 1963, wird auf das rapide Anwachsen des Weltenergiebedarfs hingewiesen. In den Hauptindustriegebieten der Welt sei nach der bisherigen Entwicklung mit einer Verdoppelung der Stromerzeugung etwa alle zehn Jahre zu rechnen, und in den industriell noch unterentwickelten Ländern sei das Tempo noch weit schneller. Ein Nachlassen in der Zunahme des Energiebedarfs sei auch in den USA, die den höchsten Stromverbrauch aufweisen, nicht festzustellen. 1961 wurden in den Kraftwerken der USA etwa 180 Mill. t Kohle (über 40% der Gesamtproduktion) in Strom umgewandelt. Für 1980 wird von dem US-Bureau of Mines ein Kohlenbedarf der Kraftwerke von 700 Mill. t (bei 900 Mill. t Gesamtförderung) vorausgesagt. Daß in dem großen, bis 1980 reichenden Produktionsplan der Sowjetunion eine nicht geringere Steigerung vorgesehen ist, ist bekannt. In Großbritannien wird nach den offiziellen Schätzungen für 1980 mit einem Verbrauch von 200 Mill. SKE durch die Kraftwerke gerechnet.

In der gleichen Richtung bewegt sich ein Artikel in der „Deutschen Zeitung", Köln, vom 22. Febr. 1963. Die Verteilung des heutigen jährlichen Weltenergieverbrauchs auf die einzelnen Energiequellen wird mit folgenden Ziffern angegeben:

	Mill. SKE	%
Stein- und Braunkohlen	2100	45
Erdöl	1600	34
Erdgas	700	15
Wasserkraft	300	6
Insges.	4700	100

Das Erdöl, das heute in Westeuropa die Kohlenproduktion beiseite drängt, werde mit dem Ansteigen des Energiebedarfs nicht Schritt halten können. Wenn es heute etwa die Hälfte des jährlich geforderten Zuwachses zu liefern vermöge, so werde es in den 70er Jahren nur noch ein Fünftel liefern können. Nach Schätzungen von Experten der Erdölindustrie selbst wird die Welterdölförderung 1975 etwa 2 Mrd. t (knapp 3 Mrd. SKE) betragen. Auch Erdgas, Wasserkraft und Atomenergie werden n. M. d. Verf. des Artikels bis 1975 ihre Leistung höchstens verdoppeln können. —Ha—

Ungarns Aluminium

Die VR Ungarn besitzt in ihren Bauxiten ihren bedeutendsten Bodenschatz. Die Produktion wurde nach dem Kriege in großzügiger Weise mehr und mehr ausgebaut und erreichte 1962 mit 1,4 Mill. t die Höhe von 5% der Weltproduktion. Die Lager befinden sich in Transdanubien bei Nyirád, Halimba und Gánt und stehen unter den Vorkommen Europas an dritter Stelle. Auch die Weiterverarbeitung zu Tonerde und Aluminium hat in den letzten Jahren große Fortschritte gemacht. Während vor dem Kriege noch zwei Drittel der damals relativ geringen Bauxitproduktion exportiert wurden, werden heute 60% im Lande verarbeitet. Die für die Aluminiumindustrie erforderliche Energie wird einstweilen größtenteils von der ČSSR geliefert, da die Gewinnung aus den Wasserkräften und den Braunkohlenvorkommen des Landes erst noch erheblich gesteigert werden muß. Ungarn liefert dafür an die ČSSR für die Aluminiumhütte in Ziar jährlich etwa 220000 t Bauxit. Es ist durch seine Exporte von Bauxit, Tonerde, Rohaluminium und Aluminiumerzeugnissen für die Wirtschaft der sozialistischen Länder zu einem bedeutenden Faktor geworden. Seine Tonerdeproduktion, die 1944 nur 20700 t betrug, hat 1962 die Höhe von 224000 t erreicht. Die drei großen Werke befinden sich in Nordwestungarn, und zwar in Magyaróvár, Ajka und Almásfüzitö. Das letztgenannte ist das modernste und produziert allein 100000 t Tonerde. Bis 1965 soll die Gesamtproduktion auf 265000 t gesteigert werden. In den Forschungsstätten der Aluminiumhütten wird an neuen Methoden zur Automatisierung der Elektrolyse und zur Herabsetzung des relativen Energieverbrauchs gearbeitet.

—Ha—

Vorrichtungen zum Messen von mechanischen Spannungen in Erdbodenschichten od. dgl.

Durch seine neuartige Konstruktion kann das in die Erdbodenschichten einzubauende Spannungsmeßelement veranlaßt werden, in der Weise zu arbeiten, daß es nur wirkliche Beanspruchungen im Material registriert und alle Zusatzbeanspruchungen unregistriert läßt:

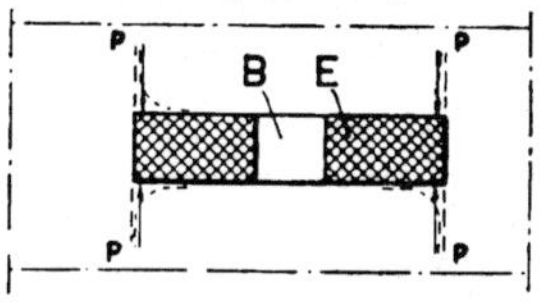

Das Spannungselement wird von einem in oder etwa in seiner Achsenrichtung Spannung aufnehmenden Ring bzw. einer gelochten Scheibe von beliebigem Grundriß umschlossen. Der Werkstoff des Ringes bzw. der Scheibe hat denselben Elastizitätsmodul und denselben Temperaturausdehnungskoeffizienten wie das Spannungselement.

Die Zeichnung zeigt, wie das von einem Ring (E) umschlossene Meßelement (B) eingebettet ist. Beträgt die Höhe der Durchmesser der Meßzelle 10 cm, so soll die Wandstärke des Ringes 2 bis 5 cm sein. Größere Ringe sind mit Rücksicht auf die gewünschte Wirkung ein wenig besser, haben aber den Nachteil, daß die Meßpunkte nicht nahe aneinander in der Konstruktion verlegt werden können. Ein Ring mit 5 cm Wandstärke eliminiert alle zusätzlichen Beanspruchungen bis auf einige Prozent, weshalb solche Ringe vom praktischen Gesichtspunkt aus vollkommen befriedigend sind.

DBP.-Anm.: 1141472. H. Friedemann

Handrammsonde zur Untersuchung der Lagerungsdichte von Sandpolstern

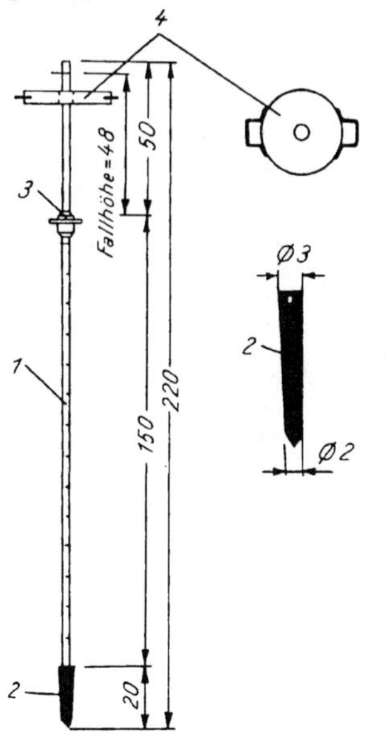

Sand- und Kiespolster wendet man zur Verbesserung des Baugrundes an. Die feldmäßige Überprüfung der Lagerungsdichte dieser Polster stößt gewöhnlich auf Schwierigkeiten. In der Sowjetunion wird hierfür neuerdings eine Handrammsonde (Abb.) benutzt, die am Lehrstuhl für Gründungen und Fundamente des Gorkier Instituts entwickelt wurde. Die Anwendung ist bei Gesteinen der Zusammensetzung feinst-, fein- und mittelkörniger Sand sowie sandig-kiesigem Gestein möglich.

Das Gerät ist unkompliziert in Handhabung und Konstruktion. Es wiegt 8,5 kg. Dazu gehört ein gleitendes Belastungsgewicht von 10 kg. Die Abmessungen können aus der Abbildung ersehen werden. Die folgende Tabelle gilt für 10 cm Eindringungstiefe.

Grad der Lagerungsdichte	Mächtigkeit des Polsters in cm		
	20—50	50—80	80—150
locker	1—2	1— 4	1— 8
mitteldicht	3—5	5—10	9—20
dicht	> 5	> 10	>20

(Aus „Osnowanija, Fundamenti i Mechanika Gruntow", H. 6, 1962) F. Reuter

Kurznachrichten

Die Stadt **Kiel** wird demnächst aus den Feldern Plön-Ost durch eine im Bau befindliche Leitung **Erdgas** und aus der Raffinerie Heide der DEA Flüssiggas (Butan) erhalten, die beide in Stadtgas umgewandelt werden und maximal 460000 Nm³ täglich für den städtischen Verbrauch ergeben sollen.

Bei **Landesbergen** an der Weser wurde das erste deutsche **Großkraftwerk für Erdgasfeuerung** mit einer Maschinenleistung von 300000 kW und 1,8 Mrd. kWh jährlich in Betrieb genommen und über eine Verbindungsleitung nach Lehrte an das Hochspannungsnetz der Preußenelektra angeschlossen. Die Felder Buchhorst, Düste, Deblinghausen und Rehden liefern das Erdgas.

Durch eine im Bau befindliche **Rohöl-Pipeline** von **Triest** nach **Wien** sollen nach Fertigstellung 1965 jährlich 2 Mill. t Rohöl nach Wien gepumpt werden. Eine Erhöhung auf 4 bis 8 Mill. t ist für später in Aussicht genommen.

In **Griechenland** wird von einem amerikanischen Konsortium eine zweite **Erdölraffinerie** mit einer Produktionskapazität von jährlich 1,5 Mill. t Rohöl gebaut werden.

In der **VR Korea** stieg im ersten Halbjahr 1962 gegenüber der Vergleichszeit von 1961 die Produktion von Roheisen und Rohstahl um 16%, von Walzstahl um 6%, von legiertem Stahl um 90%. Für 1962 insgesamt wird eine Steigerung der **Stahlproduktion** um 55% auf 1,2 Mill. t gegenüber 776000 t 1961 erwartet.

In **Indien** wird im Zusammenhang mit der Industrialisierung eine Steigerung der Produktion von **Schmiedestahl** von jetzt jährlich 42900 t auf mindestens 180000 t für erforderlich gehalten und erwartet.

Das modernste **Stahlwerk Lateinamerikas** gedenkt man in **Brasilien** in der Guanabaro-Industriezone von Santa Cruz zu errichten. Eine Jahresproduktion von 500000 t Stahl ist für die erste Ausbaustufe, eine solche von 3 Mill. t für die zweite Stufe projektiert.

Die **chilenische Kupfererzeugung** wird nach einer Mitteilung des chilenischen Bergbauministers 1962 trotz einer 5%igen Produktionseinschränkung einen Rekordertrag von 595000 t (8% mehr als im Vorjahr) erreichen.

Von der neuen, nunmehr betriebsfertigen **Nickelhütte** in Sered (**ČSSR**), die das Erz aus der VR Albanien geliefert bekommt, wird eine Jahresproduktion von 2000 t erwartet, was für den Nickelbedarf der ganzen ČSSR ausreichen würde.

In den peruanischen Anden wurde ein **Zinnvorkommen** entdeckt, dessen Erze 30 bis 50% Reingehalt aufweisen sollen und das für das umfangreichste des Landes **Peru** gehalten wird.

Die **Bauxitexporte Indonesiens** dürften Ende 1962 die Höhe von 430000 t gegenüber 400000 t im Vorjahr erreicht haben, während für 1963 485000 t vorgesehen sind. Mit Hilfe der UdSSR wurde in Nordsumatra eine Aluminiumhütte errichtet.

SCHRIFTENREIHE DES PRAKTISCHEN GEOLOGEN

Herausgegeben im Auftrage der Staatlichen Geologischen Kommission und der Zentralen Vorratskommission für mineralische Rohstoffe der Deutschen Demokratischen Republik

Band 1
FRIEDRICH STAMMBERGER
Einführung in die Berechnung von Lagerstättenvorräten fester mineralischer Rohstoffe
1956 – 153 Seiten – 78 Abbildungen – 14,7 × 21,5 cm
Halbleder in DM 7.50 – vergriffen

Band 2
FJODOR I. WOLFSON
Die Strukturen der endogenen Erzlagerstätten
1960 – 148 Seiten – 76 Abbildungen – 14,7 × 21,5 cm
Halbleder in DM 8.–

Band 3
RUDOLF MEINHOLD
Erdölgeologie
1962 – 227 Seiten – 95 Abbildungen – 20 Tabellen – 14,7 × 21,5 cm – Halbleder in DM 25.50

Band 4
KLAUS LEHNERT · KLAUS ROTHE
Geophysikalische Bohrlochmessungen
1962 – 300 Seiten – 102 Abbildungen – 14,7 × 21,5 cm
Halbleder in DM 33.–

Band 5
MICHAIL A. SHDANOW
Methoden der Berechnung von Lagerstättenvorräten an Erdöl und Erdgas
1963 – 172 Seiten – 18 Abbildungen – 29 Tabellen – 14,7 × 21,5 cm – Halbleder in DM 22.–

In den nächsten Heften der Zeitschrift für angewandte Geologie erscheinen u. a. folgende Beiträge

N. I. POLEWAJA: Eine geochronologische Skala nach Altersbestimmungen an Glaukoniten

H. KUGLER: Zur Erfassung und Klassifikation geomorphologischer Erscheinungen bei der ingenieurgeologischen Spezialkartierung

N. A. JEREMENKO, E. A. GIMPELEWITSCH & A. A. ILJIN: Einige allgemeine Gesetzmäßigkeiten der Veränderung dispers verteilter organischer Substanz in Abhängigkeit vom geologischen Alter

H. RADTKE: Geologisch-lagerstättenkundliche Ergebnisse aus dem Raum der östlichen Lausitz

B. HEYNE: Praktische Auswahl der Tone für Bohrspülungen

W. KÜHN: Geochemische Untersuchungen bei der Kalkerkundung südwestlich Elbingerode (Harz)

W. HESSMANN: Zur Frage ungleich verteilter Speichereigenschaften für Erdgas und Erdöl im Staßfurt-Karbonat des Zechsteins der südlichen DDR

I. G. STJOPIN: Zur Ermittlung disjunktiver Störungen durch Hydroerkundung

Instruktion zur Anwendung der „Klassifikation der Lagerstättenvorräte fester mineralischer Rohstoffe" (vom 31. 1. 1962) auf Eisenerzlagerstätten der DDR, zweite Eisenerz-Instruktion vom 25. 4. 1963

Herausgeber: Staatliche Geologische Kommission und Zentrale Vorratskommission für mineralische Rohstoffe der Deutschen Demokratischen Republik. Für die kollektive Chefredaktion: Dr. K. KAUTER (Redaktionssekretär), Berlin. Redaktion: Berlin N 4, Invalidenstraße 44. Verlag: Akademie-Verlag GmbH, Berlin W 8, Leipziger Straße 3–4 (Fernsprecher 22 04 41, Telex 011 773, Postscheckkonto: Berlin 350 21). Bestellnummer des Heftes 1047/9/8. Die „Zeitschrift für angewandte Geologie" erscheint monatlich. Bezugspreis 2,– DM je Heft. – Satz und Druck: Druckhaus „Maxim Gorki", Altenburg. Veröffentlicht unter der Lizenznummer 1279 des Presseamtes beim Vorsitzenden des Ministerrates der Deutschen Demokratischen Republik. Karten: MdI der DDR, Nr. 8187, 8545, 395, 616, 654, 684, 717

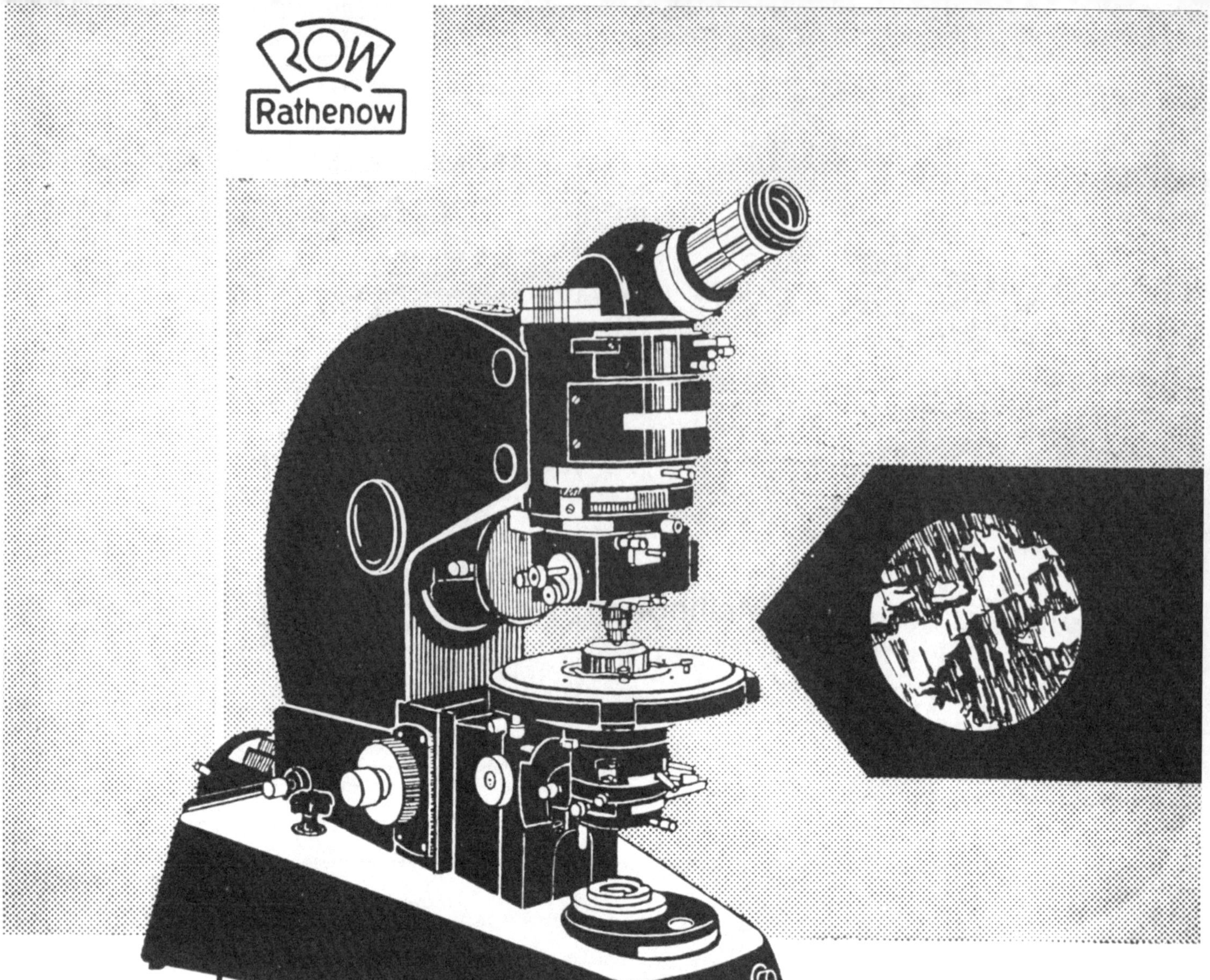
ROW
Rathenow

FSC
www.fsc.org
MIX
Papier | Fördert gute Waldnutzung
FSC® C083411

Zeitfracht Medien GmbH
Ferdinand-Jühlke-Straße 7
99095 Erfurt, Deutschland
produktsicherheit@kolibri360.de